AF496720

NOTICES MILITAIRES

EXTRAITS

DU

JOURNAL D'UN CHEF DE COMPAGNIE

ESSAI D'UNE MÉTHODE

Propre à instruire suffisamment la compagnie dans le combat en tirailleurs
et le service en campagne

En admettant qu'on ne dispose que d'un temps restreint
et qu'on se trouve dans des circonstances aussi défavorables que possible

---

Deuxième partie

SERVICE D'AVANT-POSTES ET MANŒUVRES DE COMBAT

DE DEUX DÉTACHEMENTS L'UN CONTRE L'AUTRE

PAR R. von ARNIM

Major et commandant de bataillon dans le régiment de fusiliers de Hohenzollern, n° 40

TRADUIT DE L'ALLEMAND

PAR LE COMMANDANT LECLÈRE

Du 93ᵉ de ligne

Détaché au 2ᵉ Bureau de l'État-major général du Ministre de la Guerre

---

TROISIÈME ÉDITION

PARIS

BERGER-LEVRAULT ET Cⁱᵉ, LIBRAIRES-ÉDITEURS

5, RUE DES BEAUX-ARTS

MÊME MAISON A NANCY

1875

EXTRAITS

DU

JOURNAL D'UN CHEF DE COMPAGNIE

NOTICES MILITAIRES

EXTRAITS

DU

JOURNAL D'UN CHEF DE COMPAGNIE

ESSAI D'UNE MÉTHODE

Propre à instruire suffisamment la compagnie dans le combat en tirailleurs
et le service en campagne

En admettant qu'on ne dispose que d'un temps restreint
et qu'on se trouve dans des circonstances aussi défavorables que possible

---

Deuxième partie

SERVICE D'AVANT-POSTES ET MANŒUVRES DE COMBAT
DE DEUX DÉTACHEMENTS L'UN CONTRE L'AUTRE

PAR R. von ARNIM

Major et commandant de bataillon dans le régiment de fusiliers de Hohenzollern, n° 40

TRADUIT DE L'ALLEMAND

PAR LE COMMANDANT LECLÈRE

Du 95° de ligne

Détaché au 2° Bureau de l'État-major général du Ministère de la Guerre

---

TROISIÈME ÉDITION

PARIS

BERGER-LEVRAULT ET Cie, LIBRAIRES-ÉDITEURS

5, RUE DES BEAUX-ARTS

MÊME MAISON A NANCY

1875

NOTE EXPLICATIVE

Au sujet de quelques expressions techniques particulières à l'armée allemande

---

Il se trouve naturellement dans l'ouvrage du *Major von Arnim* un certain nombre de termes techniques, d'expressions particulières à l'armée prussienne, qui peuvent présenter quelque embarras aux lecteurs peu familiarisés avec les habitudes et le langage de l'Allemagne militaire. Il est vrai que, depuis trois ans, grâce à la traduction du *Règlement prussien sur le service en campagne et les grandes manœuvres*, faite par le 2ᵉ bureau de l'État-major général du Ministre de la guerre, grâce aussi à de nombreuses publications, et en particulier à la *Revue militaire de l'étranger*, ceux de nos camarades de l'armée française qui l'ont bien voulu ont pu se mettre au courant de l'organisation tactique et de la manière de faire, si logique et si pratique, de l'armée allemande.

Malgré tout, comme il nous a été adressé quelques demandes de renseignements à propos de la première partie, et comme d'ailleurs les expressions techniques et spéciales se représentent encore en plus grand nombre dans la deuxième partie, nous profitons de ce que cette dernière ne paraît que quelques semaines après la première pour y introduire la note suivante contenant, croyons-nous, tous les éclaircissements nécessaires.

Peloton, section. — Nous rappellerons d'abord que les mots *peloton* et *section* ne sont pas employés dans le courant de cette traduction avec la même signification que chez nous. En Prusse, la compagnie se divise en deux ou trois pelotons, suivant qu'elle est sur trois ou sur deux rangs; la formation en trois pelotons sur deux rangs est la formation généralement employée pour les manœuvres et le combat; c'est celle qui est adoptée constamment dans le *Journal d'un chef de compagnie*. On sait d'ailleurs que le troisième peloton, formé par le troisième rang des deux premiers, est dit *peloton de tirailleurs*. Chaque peloton, suivant sa force, se divise ensuite en sections de 4 à 6 files, c'est-à-dire de 8 à 12 hommes. Par le fait, la section prussienne répond à peu près à notre escouade, et le peloton à notre section.

SERGENT, SOUS-OFFICIER. — Quelques-uns se sont étonnés de la différence faite entre les dénominations de *sergent* et de *sous-officier;* c'est que cette différence existe réellement dans la hiérarchie allemande : le nom générique de sous-officier comprend bien tous les grades intermédiaires entre l'état de soldat et la position d'officier; mais d'autre part, cette dénomination s'applique d'une manière toute spéciale au premier échelon de la hiérarchie, c'est-à-dire au premier grade subalterne dont puisse être revêtu l'homme de troupe. Le grade de sous-officier (*Unteroffizier*) proprement dit répond donc à peu près à notre grade de caporal; tandis que le *Sergeant,* correspondant à notre sergent français, est d'un grade supérieur au précédent.

GEFREITE. — La désignation de *Gefreite* n'indique pas un grade, mais une distinction qui correspond à peu près a notre première classe de l'état de soldat. Comme on peut le voir dans le courant du livre du Major von Arnim, le *Gefreite* est généralement employé à conduire les patrouilles ou petits détachements, à relever les sentinelles, à aider les sous-officiers.

DÉTACHEMENTS, PATROUILLES. — A chaque instant, dans les exercices dont nous nous occupons, il est fait une différence entre les *patrouilles* et les *détachements;* nous croyons qu'il suffit de mentionner ici que le nom de *détachement* s'applique en général à une réunion d'hommes plus considérable qu'une patrouille ordinaire. Du reste, il y a plusieurs espèces de patrouilles; nous distinguerons :

Les *patrouilles latérales* (*Seiten-Patrouillen*) qui marchent à droite et à gauche d'une troupe, sur les chemins parallèles à la direction suivie pour couvrir les flancs.

Les *patrouilles fixes ou de pied ferme* (*Stehenden Patrouillen*) qui exercent leur surveillance sur une section de terrain déterminée; un des hommes est placé en faction sur un point donné; les autres circulent à droite et à gauche dans les limites qui leur sont assignées.

Les *patrouilles rampantes* (*Schleich-Patrouillen*) qui circulent en dehors de la ligne des sentinelles pour aller, en se glissant, en se défilant, reconnaître la position ou les mouvements de l'ennemi, ou pour recueillir des nouvelles.

Toutes ces patrouilles sont généralement composées de trois hommes, dont un chef (ancien soldat ou *Gefrete*).

Il en est de même des *patrouilles de communication* (*Verbindungs-Patrouillen*) destinées, comme leur nom l'indique, à maintenir les communications entre deux troupes suivant des directions à peu près parallèles, lorsque des obstacles ou des accidents de terrain empêchent ces troupes de se voir mutuellement.

Le règlement prussien parle en outre de *patrouilles de ronde* (*Visitir-Patrouillen*), fortes de deux hommes; ces dernières longent de temps à autre la ligne des sentinelles, pour voir ce qui s'y passe, et s'assurer que les postes voisins sont toujours à leur place.

En dehors de ces petites patrouilles, nous devons signaler encore :

Les *grandes patrouilles* ayant pour but, non-seulement de reconnaître le terrain, mais aussi d'arrêter les patrouilles ennemies ou de déloger les postes de la partie adverse, pour voir avec plus de fruit ce qui se passe en arrière. Ces patrouilles peuvent donc devenir offensives, et doivent être composées d'un nombre d'hommes plus considérable, de sorte qu'elles rentrent par le fait dans la catégorie des détachements.

Poste de sous-officier détaché. — Pour protéger une sentinelle double éloignée contre les attaques de l'ennemi et pour assurer sa stabilité, on forme quelquefois un *poste de sous-officier* (*Unteroffizier-Posten*) destiné à relever cette sentinelle, et on le renforce à l'occasion de 2 ou 3 patrouilleurs ; ce poste prend position derrière la sentinelle.

Troupe d'examen. — Le passage à travers la ligne des sentinelles n'est permis que sur des points déterminés par le commandant des avant-postes ; derrière la double sentinelle qui se trouve à l'endroit désigné pour le passage, on place une *troupe d'examen* (*Examinir-Trupp*), composée d'un sous-officier et environ quatre hommes ; cette troupe examine tout ce qui veut traverser la ligne dans les deux sens ; elle laisse passer ou envoie à la grand'garde, suivant les instructions qu'elle a reçues.

Sentinelles doubles ou doubles postes. — Les sentinelles, en Prusse, sont désignées sous le nom de *Posten* ; à l'exception des sentinelles devant les armes, elles sont généralement doubles, et l'ensemble de deux sentinelles s'appelle *Doppel-Posten* ; on ne s'étonnera donc pas de voir l'expression de *double poste* indifféremment employée avec celle de *double sentinelle* pour indiquer ce groupe de deux factionnaires.

Fractionnement de la grand'garde. — Dans le fractionnement des grand'gardes en groupes numérotés destinés à entretenir les sentinelles ou à fournir les patrouilles nécessaires, on compte habituellement *six* hommes pour l'entretien d'une double sentinelle, *trois* pour une sentinelle simple, et *trois* pour une patrouille. Par exception, on peut faire entretenir une sentinelle simple par deux hommes seulement, et une sentinelle double par quatre hommes. Chacun de ces groupes reçoit le numéro correspondant au poste ou à la patrouille qu'il est appelé à relever ou à fournir. (Double poste n° I, n° II, n° III, ou bien patrouille n° 1, n° 2.)

AVANT-GARDE, AVANT-TROUPE, POINTE. — Deux mots encore sur les expressions d'avant-garde (*Avantgarde*), d'avant-troupe (*Vortrupp*) et de pointe (*Spitze*), employées dans quelques passages du *Journal d'un chef de compagnie*. Nous n'avons pas à dire ici le rôle de l'avant-garde, mais nous ferons observer que le règlement prussien prescrit de la faire précéder d'un détachement (*Vortrupp*, fort de 1/6 à 1/3 de l'avant-garde, suivant les circonstances, dès que cette avant-garde dépasse en effectif un peloton d'infanterie. Ce *Vortrupp* détache lui-même en avant une pointe (*Spitze*) généralement composée de trois hommes commandés par un sous-officier ou un *Gefreite*. Deux de ces hommes fouillent le terrain en avant ou sur le côté, et le troisième veille au maintien des communications avec le *Vortrupp*; aussi le désigne-t-on sous le nom d'*homme de communication* (*Verbindungsmann*).

DU MILLE ALLEMAND. — Nous terminerons ces indications en rappelant que le *mille allemand*, dont il est parfois question dans l'ouvrage du Major von Arnim, vaut 7,532 mètres.

LE TRADUCTEUR.

EXTRAITS

DU JOURNAL D'UN CHEF DE COMPAGNIE

PREMIER EXERCICE

EXERCICES PRÉPARATOIRES DE DÉTAIL SUR LE SERVICE DES GRAND'GARDES

Le ..... mai, après-midi. (Voir *fig.* 1.) — J'ai réussi à gagner encore, dans le mois de mai, une après-midi dont j'ai profité pour appliquer et mettre en pratique les règles du service de grand'gardes, et pour indiquer en même temps la conduite que doivent tenir les patrouilles rampantes.

DESCRIPTION DU TERRAIN. — La grande place d'exercices m'en offrait l'occasion. Bien que cette place fût unie, elle présentait cependant à l'angle sud-est un vieux retranchement d'exercice, et, le long du côté est un sol sablonneux avec de petites inégalités de toute sorte, qui suffisaient pour donner au moins une idée de ce que doit faire, dans le voisinage de l'ennemi, une patrouille qui veut tirer parti du terrain et s'avancer aussi à couvert que possible.

Le côté sud était formé par une allée, le long de laquelle se trouvaient plusieurs fermes. Le chemin, principal, avec des fermes des deux côtés, amenait du sud-ouest jusque sur la place même. Une seconde allée bornait le côté ouest et conduisait aux champs de tir, qui, avec leurs levées, occupaient presque toute la longueur du côté nord, formant ainsi une coupure de terrain. Les buttes, d'une certaine hauteur, permettaient aux patrouilles de se mouvoir en arrière, à l'angle nord-est de la place, même pour le cas où l'on devrait tirer, et l'on y trouvait toute espèce de petits abris, jusqu'au delà des champs de tir, où le terrain devenait tout à fait découvert et facile à observer.

La compagnie s'est mise en marche à deux heures et demie. Afin de profiter tout de suite de la marche en avant pour faire du service de sûreté, j'avais donné les instructions suivantes :

Disposition. — *L'ennemi a fait voir des patrouilles vers les champs de tir: la compagnie reçoit l'ordre de prendre sur la place d'exercices, vers ces mêmes champs de tir, une position de grand'garde, et de recueillir, si c'est possible, des nouvelles de l'ennemi.*

Par suite, la compagnie se dirige par le chemin direct (utilisé dans les derniers temps seulement comme chemin de halage, mais plus à couvert que l'autre) vers le retranchement, deux sections du peloton de tirailleurs en avant-garde, le reste de ce peloton (un sous-officier B, un *Gefreite* et 12 hommes) s'avançant comme flanqueurs de gauche sur le chemin principal, et s'établissant aux fermes de l'angle sud-ouest comme poste de sous-officier détaché, tandis que la compagnie forme la

grand'garde au retranchement. Les patrouilles doivent
être détachées jusqu'au delà des champs de tir, de manière à pouvoir observer le terrain découvert. Un
ennemi quelconque sera marqué plus tard par des
hommes pourvus d'un brassard blanc.

Marche en avant jusqu'à la position des avant-postes.

Le chef du peloton a promptement fait sortir les détachés. Comme ceux-ci ne pouvaient se mouvoir que sur
les chemins et qu'ils ne devaient trouver que de temps
en temps l'occasion d'observer librement les environs,
des patrouilles de communication n'étaient pas possibles; il fallait par conséquent maintenir les relations
des uns avec les autres en prescrivant aux pointes de
jeter un coup d'œil sur les pointes voisines, à chaque
éclaircie ou à chaque chemin de traverse.

J'ai appelé spécialement l'attention du sous-officier
chargé de protéger notre flanc gauche sur cette recommandation. C'était à lui de chercher à toujours maintenir ses communications au moyen de ses détachés. —
attendu que la compagnie ne devait pas s'arrêter inu-
tilement pendant la marche en avant.

Ce sous-officier s'est mis en marche en se faisant
précéder par une pointe de trois hommes; l'avant-
garde de la compagnie a détaché une pointe de cinq
hommes. Sur toute une bande de terrain, les communications étaient impossibles à gauche; — par conséquent, dans la réalité, si une des subdivisions s'était
heurtée à l'ennemi, l'autre n'aurait pu en être avertie
que par des coups de feu.

Maintien des communications entre les détachés.

Au chemin de traverse le plus rapproché, j'ai vu un homme de la pointe s'engager très à propos, en se baissant, dans le chemin de traverse qui se trouvait à sa gauche, jusqu'à un coude voisin, pour se renseigner sur les flanqueurs de gauche. Il n'a rien vu, et est vite revenu en courant pour l'annoncer; le reste de la pointe n'avait pas cessé de marcher.

J'ai fait continuer par tout le monde la marche en avant, mais j'ai désigné dans le dernier peloton une arrière-garde de trois hommes, dont un devait rester en observation dans le chemin de traverse jusqu'à ce qu'il fût temps pour l'arrière-garde de suivre la compagnie, attendu qu'on ne pouvait pas savoir si le détachement chargé de couvrir la gauche n'était pas déjà en avant.

Je suis resté près de cet homme, et bientôt j'ai vu au bout du chemin de traverse un des flanqueurs de gauche qui courait sur ce chemin et regardait vers sa droite. Je lui ai fait crier : « La compagnie est déjà en avant! » et en même temps je lui ai fait faire signe de continuer à marcher. Il a compris, car je l'ai vu à son tour faire rapidement signe : « En avant! » puis continuer lui-même sa marche en toute hâte.

L'arrière-garde a suivi la compagnie. Je me suis transporté de nouveau à la pointe, et comme au bout d'un certain temps, d'une position élevée, on voyait le terrain découvert sur la gauche, les deux hommes de la pointe se sont rendus tout de suite vers cette élévation; bientôt j'ai vu la pointe des flanqueurs de gauche courir en avant jusqu'à l'angle d'une ferme, d'où elle pouvait bien observer sur sa droite.

Conduite de la pointe au moment de l'installation des avant-postes dans leur position.

Arrivé dans le voisinage du retranchement, j'ai demandé quelles instructions avaient été données à la pointe? On m'a répondu *correctement* : « S'avancer jusqu'au *retranchement !* » — il aurait en effet été *mal à propos* d'envoyer la pointe tout de suite *au delà* de cette coupure du terrain, puisque alors devait commencer pour elle *une nouvelle mission* (la protection de la pose des sentinelles) et qu'un nouvel ordre (ou une nouvelle instruction) devenait alors nécessaire si l'on ne voulait pas s'exposer à des malentendus.

Ayant vu les deux hommes de devant de la pointe courir promptement au retranchement pour gagner un point qui leur permit de voir, j'ai commandé à la compagnie de faire halte et de former les faisceaux, pendant que je me portais vers l'aile gauche.

De ce côté, la pointe s'était déjà engagée dans l'allée, tandis que le sous-officier voulait répartir sa troupe à l'abri derrière une maison. J'ai demandé à la pointe jusqu'où elle devait aller : « Jusqu'aux champs de tir ! » m'a-t-on répondu.

On ne lui avait évidemment pas donné une idée bien nette de sa mission, justement parce que des ordres semblables ne peuvent être donnés avec précision que lorsqu'on est arrivé sur le terrain où les sentinelles doivent être postées, — surtout en pays inconnu.

J'ai donc fait retourner cette pointe jusqu'à la ferme, j'ai fait appeler le sous-officier B, et je lui ai prescrit, comme règle, de n'avoir dorénavant, dans une marche en avant pour aller prendre une position d'avant-postes, à faire avancer la pointe tout d'abord que jusqu'à la coupure de terrain la plus rapprochée; — alors le chef devait se porter rapidement *en tête* pour s'orienter sur le terrain, puis envoyer cette pointe jusqu'à une autre coupure déterminée, éloignée de 800 à 1,000 pas au plus, comme *patrouille chargée d'assurer le placement des sentinelles*, et s'avancer *seulement ensuite* lui-même pour répartir et disposer ces sentinelles.

Puis je lui ai fait communiquer à la pointe les instructions suivantes :

— « La pointe doit s'avancer, comme *patrouille des-« tinée à assurer la pose des sentinelles*, jusqu'au delà « des champs de tir. Si auparavant elle se heurte à l'en-« nemi, elle devra tout de suite tirer un coup de fusil « et envoyer un homme pour avertir. Si, au contraire, « de l'autre côté des champs de tir, elle ne dé-« couvre *rien* de l'ennemi, toute la patrouille revien-« dra immédiatement en arrière. » — Après avoir encore dit au sous-officier qu'à mon retour je désirais trouver les sentinelles bien instruites, et son détachement bien renseigné sur la position de défense qu'il devait prendre, je lui ai fait aussi former les faisceaux pour quelques minutes, et je suis retourné à la compagnie, qui a tout de suite pris les armes.

J'ai détaché un sous-officier et six patrouilleurs des

plus habiles pour marquer l'ennemi; je leur ai recommandé en secret de s'en aller en ordre serré jusque derrière les champs de tir; de revêtir, là seulement, rapidement leurs brassards, et de continuer à s'avancer encore un certain temps sur le chemin qui conduit au village de X. Ils devaient ensuite revenir vers les champs de tir comme patrouille de reconnaissance, en repoussant les patrouilles plus faibles qu'eux, et en se mettant en retraite au contraire devant les patrouilles plus fortes.

Puis j'ai fait appeler le chef de la pointe, et je lui ai fait indiquer sa nouvelle mission par le chef de l'avant-garde, de telle sorte que la compagnie pût entendre les instructions qu'on lui donnait. Ce dernier a répété presque mot pour mot ce qui avait été dit au détachement latéral de gauche; pourtant, le chef de la pointe ne devait prendre que deux hommes avec lui, et les deux autres devaient rentrer dans le rang. Mais je n'ai fait partir la patrouille que lorsque l'ennemi marqué a eu presque atteint les champs de tir.

Conduite à tenir pour le placement des sentinelles et instructions à leur donner.

Ensuite, j'ai désigné l'avant-garde pour remplir le rôle de grand'garde, j'ai indiqué l'endroit où les deux autres pelotons auraient à se tenir comme soutiens, mais je leur ai prescrit de voir et d'écouter tout ce qui se passerait du côté de la grand'garde et du côté des sentinelles, et j'ai ordonné de les renseigner à ce sujet. Une fois les instructions reçues, le commandant de la grand'garde voulait s'en aller avec la moitié des hommes pour placer les sentinelles; mais je lui ai fait remarquer que cette mesure ne serait opportune que dans le cas où une attaque de l'ennemi serait possible par surprise, et surtout s'il ne pouvait pas encore savoir le nombre de sentinelles nécessaires. Dans les circonstances présentes, il était évident qu'il ne fallait qu'un double poste (double sentinelle) à la pointe du retranchement, et la sentinelle devant les armes à l'entrée du chemin. A la nuit seulement il aurait fallu un double poste à droite du retranchement et un autre à gauche en avant de l'entrée du chemin, avec la troupe d'examen en arrière.

Le commandant de la grand'garde a donc tout simplement fait conduire, par le *Gefreite* de pose, le double poste nº 1 à la pointe du retranchement, et a pu lui donner lui-même des instructions précises. (Pour plusieurs sentinelles, il faut charger de ce soin un sous-officier à part; autrement on y emploierait trop de temps.)

Les livres de théorie indiquent beaucoup de points à communiquer aux sentinelles comme instructions *spéciales* (ces sentinelles devant d'ailleurs *préalablement* connaître l'instruction générale sur la conduite à tenir, savoir à quel moment elles doivent *avertir*, à quelle occasion elles doivent *faire feu*, etc.); en temps de paix, il n'y a pas grand danger en effet à forcer la mémoire de l'homme à un peu plus d'efforts, mais à la guerre, et même à la manœuvre, il faut procéder autrement.

En campagne, il importe que non-seulement les *sentinelles*, mais *tous les hommes* de la grand'garde (et notamment les patrouilles) sachent répondre aux trois questions suivantes :

1° Que sait-on de l'ennemi? (Chaque nouvelle qui apporte *quelque renseignement nouveau* à ce sujet doit par suite être communiquée à *tous les hommes* de la grand'garde, et les patrouilles, à leur retour, doivent, en passant, dire aux sentinelles ce qu'elles ont appris.)

2° Que sait-on de la position de ses propres avant-postes? (Il faut que *chacun* sache où se tiennent les subdivisions qui peuvent se trouver aux environs.)

3° Où conduisent les chemins qu'on aperçoit? (Noms des localités voisines.)

Chacun doit également savoir quels sont ses supérieurs jusqu'au commandant des avant-postes inclusivement, et où se trouve la *position de défense* pour la grand'garde. Il faut que la plupart des hommes puissent déjà répondre à ces questions *avant* d'être placés en faction; — aussi le sous-officier chargé de donner la consigne aux sentinelles doit-il faire simplement *ces trois questions*, pour voir, à leurs réponses, ce que les sentinelles ne savent pas encore. Comme quatrième question, on pourrait encore éventuellement ajouter en campagne : « Quels sont les ordres donnés relativement « au va-et-vient des habitants? » et la nuit : « Le mot « d'ordre et de ralliement? »

Comme je n'aime pas faire en temps de paix quelque chose de contraire à ce qui se pratique à la guerre, j'avais déjà, dans l'instruction théorique, préparé les sous-offic-ers et les hommes à ces trois questions, de sorte que

le chef de la grand'garde les ayant adressées aux sentinelles, a pu se convaincre qu'elles savaient déjà tout le
reste, sauf le nom de la localité par laquelle on devait
attendre l'approche de l'ennemi. Il n'y a donc eu *qu'un*
mot nouveau à leur apprendre.

La grand'garde a ensuite été fractionnée en divers
groupes, et j'ai fait tout de suite tenir compte des
postes qui auraient été nécessaires la nuit. La 2e et la
3e pose de sentinelles (de trois hommes chacune, y
compris la sentinelle devant les armes) ont formé les faisceaux, chacune pour son compte; les postes de nuit ont
été constitués à deux numéros seulement, chacun formant ses faisceaux à part (à qu're hommes), et à l'aile
gauche les trois derniers hommes ont réuni leurs armes
également à part, comme patrouille n° 2. — Les patrouilles pouvant en outre devenir nécessaires devaient
être prises dans les sentinelles, et le mieux pour cela est
de se servir des factionnaires qui viennent d'être relevés.

On a observé dans la répartition qu'avec un jeune
soldat il devait toujours y en avoir un ancien. A peine
cette opération était-elle terminée, que le poste de sous-
officier détaché a envoyé des renseignements sur les
dispositions qu'il avait prises (une double sentinelle, et
une sentinelle devant les armes). Les dispositions prises
par l'autre détachement ont été communiquées à l'envoyé. Puis j'ai prescrit ce qui suit :

1° Tout avis devait m'être envoyé, à moi, comme
commandant des avant-postes, sur un billet au crayon,
avec un numéro de série et l'heure du départ.

2° Après la fin de l'exercice, le commandant de la grand'garde devait me remettre un rapport d'ensemble (au crayon) sur les événements survenus, avec un croquis à vue de l'emplacement de la grand'garde.

(Pour ces rapports, il est bon d'avoir des modèles tout préparés, ainsi que des enveloppes avec l'heure du départ pour les nouvelles importantes, enveloppes qui doivent être remises en guise de reçus aux hommes chargés d'apporter les nouvelles.)

En outre, on a dû, dans chaque peloton, donner des instructions sur la conduite à tenir par la grand'garde et par les sentinelles, surtout dans les cas suivants :

1° Pour les remarques faites à une grande distance (avis à envoyer) ;

2° Pour *signaler* la *marche en avant* d'un détachement *ennemi* (un coup de feu et avis à transmettre) :

3° Pour le cas d'une attaque (coups de feu répétés, sans avis transmis).

Au bout d'une demi-heure, il a été supposé que la nuit tombait ; les sentinelles ont été relevées, et les postes de nuit ont été établis sous la protection d'une patrouille détachée en avant. En même temps, on a donné le mot d'ordre et de ralliement, et on a exercé les sentinelles à le demander, soit aux patrouilles rentrantes (pour celles qui doivent sortir après le mot d'ordre donné, on doit indiquer un signe général de reconnaissance), soit aux sous-officiers et aux hommes non armés qui viennent du dedans, et qui, s'ils n'ont pas le mot, doivent être envoyés à la grand'garde.

Ceci exécuté, j'ai galopé jusqu'au poste de sous-officier détaché.

En route, j'ai déjà vu, de chacune des patrouilles envoyées en avant, un homme revenir rapidement sur la grand'garde. Arrivé au poste détaché, je me suis assuré, en posant les trois questions dont il est parlé ci-dessus, que la double sentinelle était au courant; et le sous-officier qui s'était avancé de lui-même pour se présenter à moi, a indiqué, sur ma demande, comment il occuperait la dernière ferme en cas d'attaque de l'ennemi, et quelles dispositions il prendrait pour augmenter sa force de résistance (porte barricadée du côté de l'ennemi, ouverture de créneaux, etc.), puis comment il avait déjà appelé l'attention de ses hommes sur les distances auxquelles se trouvaient quelques points marqués.

Nouvelles apportées et conduite de la patrouille
en face de l'ennemi.

En ce moment, un homme a apporté la nouvelle suivante : « Un détachement ennemi, fort de un sous-officier « et six hommes, est en mouvement derrière les champs « de tir ! »

J'ai demandé si la patrouille avait été remarquée de l'ennemi ?

— « Non ! m'a-t-on répondu; nous nous étions postés « derrière un bosquet, et je me suis glissé sans être « aperçu.

— « Bien ! continuez à observer, mais ne dépassez « pas les champs de tir ! »

J'ai fait en même temps remarquer au sous-officier B qu'il aurait à faire la même communication à sa grand'garde, afin que chaque nouvelle patrouille pût régler sa conduite en conséquence, et qu'il aurait à signaler dans les avis transmis les *modifications* qui pourraient se produire dans l'intervalle. Puis je lui ai également ordonné de m'envoyer des renseignements par écrit sur tout ce qui arriverait, comme on doit le faire dans toute position d'avant-postes.

A peine le sous-officier était-il de retour à son détachement que j'ai remarqué que la patrouille des champs de tir se portait à la hâte une centaine de pas en arrière, en tirant un coup de fusil, et qu'elle se jetait ensuite à terre. Au même instant, j'ai vu deux hommes de l'ennemi s'avancer rapidement jusqu'au bord des champs de tir de notre côté, et y prendre position à couvert pour observer les environs.

Un homme du poste est venu vite m'annoncer ce qu'on avait vu faire à l'ennemi. Je l'ai envoyé au sous-officier qui, au coup de feu, avait fait tout de suite prendre les armes, et qui venait déjà au-devant des nouvelles.

En même temps, j'ai vu le précédent envoyé de la patrouille recevoir une indication de son chef, et venir de nouveau en arrière apporter des nouvelles.

Il m'a annoncé : « Le détachement ennemi s'est « avancé vers les champs de tir, et a forcé la patrouille « à se retirer ! »

En ce moment est arrivé du retranchement un envoyé avec le billet suivant :

N° 1. De la grand'garde du sergent N., 4 heures après-midi. — La patrouille n° 1 signale derrière les champs de tir un détachement ennemi (un sous-officier et six hommes) qui se meut dans la direction du village de N.

Le..... mai.   *N., sergent.*

Évidemment, cette nouvelle n'était pas d'accord avec ce qui venait d'être annoncé par l'autre envoyé; mais le départ des deux émissaires avait eu lieu à des instants différents, ce qui prouve combien il est important d'indiquer bien *exactement* l'heure à la *minute,* si l'on veut éviter les erreurs.

J'ai demandé alors au sous-officier B quel ordre il allait faire parvenir à sa patrouille. — « L'ordre de continuer à observer, a-t-il répondu. »

— « Croyez-vous que là-bas la patrouille puisse « encore voir quelque chose de plus que le factionnaire « d'ici ? » — « Non ! » — « Alors elle est donc superflue, « et son absence affaiblit votre détachement ! » — Le sous-officier a en conséquence envoyé, par l'homme qui avait apporté la nouvelle, l'ordre de se retirer, et la patrouille a dû revenir immédiatement (1).

J'ai ensuite demandé à l'autre messager si la patrouille du sergent N avait reçu un ordre? — « L'ordre de « revenir tout de suite ! »

____

(1) On commet très-souvent la faute de maintenir les patrouilles sans utilité tout près en avant de la ligne des sentinelles, pour observer une patrouille ennemie. Les patrouilles qui ont rempli leur mission doivent *immédiatement* revenir. — (*Note de l'auteur.*)

Et, de fait, j'ai vu au bout de la place d'exercices les têtes des hommes de cette patrouille qui rentrait.

Alors, j'ai commandé au sous-officier B de ne renvoyer la prochaine patrouille en avant que dans le cas où l'on ne pourrait plus rien voir de l'ennemi, puis de faire relever les postes un quart d'heure après, dans l'hypothèse de la tombée de la nuit, et je lui ai donné dans ce but le mot d'ordre et de ralliement.

Dans l'intervalle, il devait communiquer à ses hommes les instructions que j'avais données pour la grand'garde; et, après avoir relevé les doubles postes, on devait exercer les nouvelles sentinelles à demander le mot, comme je l'avais prescrit également à la grand'garde.

Puis je suis revenu à la grand'garde, où justement la pose de sentinelles prenait les armes en même temps que la patrouille nº 2. Un homme est aussi venu du double poste, apportant la nouvelle qu'un détachement ennemi apparaissait en mouvement vers la butte. J'ai demandé au sergent N quelles instructions il donnerait à la patrouille nº 2. — « Repousser la patrouille enne-
« mie! m'a-t-il dit. » — « Mais s'il y avait autre chose
« qu'une patrouille?... D'ailleurs, trois hommes qui s'ap-
« prochent en se découvrant passablement peuvent-ils
« forcer à la retraite une patrouille bien postée? »

— « Non, mais ils peuvent voir de quoi il s'agit! »

— « Bien!... Ils doivent donc être envoyés comme
« *patrouille rampante!*... Je leur ferai moi-même la
« théorie à ce sujet! »

J'ai alors fait rapprocher tout le détachement, pour que tout le monde pût entendre, et j'ai donné les instructions suivantes :

Instructions pour la marche en avant de la patrouille rampante.

« La patrouille s'avancera en rampant vers la butte,
« où se montrent deux hommes de l'ennemi, afin de
« s'assurer s'il y a d'autres troupes en arrière. Dans ce
« but, comme elle pourrait être tout de suite aperçue
« de l'ennemi, elle s'avancera promptement, d'abri en
« abri, jusqu'à 300 pas environ de l'adversaire. A par-
« tir de là, deux hommes resteront toujours couchés,
« prêts à faire feu, tandis que celui de devant cherchera
« à gagner du terrain sur le côté et en avant, rapide-
« ment et assez loin pour atteindre le flanc des deux
« hommes ennemis, et pour voir s'il y a encore quel-
« qu'un derrière. S'il ne voit rien, il fera signe, et un
« premier homme le suivra d'abord, puis l'autre, par
« bonds successifs, de telle sorte que deux hommes
« soient toujours couchés, prêts à faire feu dès que
« l'ennemi tirera. De cette manière, on cherchera à
« forcer les deux hommes ennemis à la retraite, et on
« tâchera de voir ensuite si l'on peut encore découvrir
« autre chose de l'ennemi derrière les champs de tir.
« *Aussitôt* que l'adversaire se montrera plus en nombre,
« aucun homme n'avancera plus, mais tous les trois
« prendront position à couvert, observeront rapidement
« ce que fera l'ennemi, et se retireront un à un, par
« bonds successifs, en dehors de la portée du tir, de

« telle sorte qu'il y ait toujours deux hommes prêts à
« tirer, pour le cas où l'ennemi voudrait poursuivre.
« Hors de portée du tir, les trois hommes continueront
« tous à la fois leur retraite vers l'aile droite de la
« grand'garde, et annonceront ce qu'ils auront vu (1). »

J'ai vu, aux figures intelligentes des hommes de la
patrouille, qu'on m'avait compris ; par conséquent, je
n'ai plus ajouté qu'une chose : c'est que les patrouilles
rampantes devaient toujours se conduire d'une manière
analogue, quand, en présence d'une patrouille ennemie.
à la vue de laquelle elles ne pourraient pas se dérober,
elles voudraient voir ce qui peut encore se passer derrière. — La patrouille s'est ensuite mise en marche. —
J'ai ordonné de relever les postes, et j'ai fait approcher
les hommes tout contre le retranchement, pour qu'ils
pussent voir en même temps comment on allait s'y
prendre pour relever les doubles postes, et comment la
patrouille allait se conduire.

Conduite à tenir pour relever les postes.

Faisant avancer directement les sentinelles de l'aile
gauche (poste n° 3), j'ai prescrit au *Gefreite* de leur
poser les trois questions, en y ajoutant encore, comme
4ᵉ question, celle relative au mot d'ordre et de ralliement. J'ai fait former les faisceaux en arrière, en dedans

(1) Il faut recommander cette instruction détaillée sur la conduite de la patrouille partout où l'on sait que les hommes ne
sont pas encore très-habiles à patrouiller. Mais quand on a des
patrouilleurs habiles, toute parole en plus de la *mission à remplir et de l'indication de la distance* à laquelle doit aller la patrouille, est de trop. — (*Note de l'auteur.*)

du retranchement, par les deux hommes relevés, pour
en constituer une troupe d'examen avec la patrouille
n° 1, qui venait justement de rentrer.

Le sous-officier de pose s'est en même temps mis en
marche avec les quatre autres hommes, a arrêté tout
d'abord à couvert les hommes qui devaient relever le
poste intermédiaire, et s'est avancé avec le poste n° 1, en
s'abritant autant que possible, jusqu'au point où il devait
le placer, d'après l'indication du chef de la grand'-
garde. Après avoir fait répéter les consignes données,
il s'est rendu au poste n° 2, et a fait signe de venir vers
lui aux hommes de la pose, qui se sont placés à droite
et à gauche du poste, et ont été renseignés par les anciennes sentinelles sur ce qui avait jusqu'alors été vu
de l'ennemi, ainsi que sur le nom de chaque village.
Le sous-officier a ensuite demandé le mot d'ordre et le
mot de ralliement, et s'est rendu à la grand'garde avec
les sentinelles relevées.

Conduite de la patrouille rampante en face de l'ennemi.

Pendant ce temps, la patrouille rampante était par-
venue jusqu'à quelques centaines de pas de la butte, et
on a vu l'homme de devant profiter, en se baissant, d'une
légère dépression du terrain pour atteindre une petite
levée qui se trouvait un peu sur le côté. Un coup de feu
est parti ; l'homme s'est jeté à terre, mais a repris aussitôt et bien vite sa course vers le remblai en question,
où il s'est couché de nouveau. A ce moment, il s'est
encore montré deux hommes de l'ennemi. L'autre est
resté couché encore un instant, puis a couru rapide-

ment en arrière. Un coup de feu est encore parti du côté de l'ennemi; un homme de la patrouille lui a riposté. Quand le premier homme a eu pris position, celui qui se trouvait alors le plus près de l'adversaire a parcouru à la course un certain espace de terrain en arrière, s'est jeté à terre à son tour, puis l'autre, et ainsi de suite, jusqu'à ce que tous les trois, l'ennemi ne se lançant pas à leur poursuite, pussent continuer simultanément leur retraite sur le poste n° 1. La sentinelle de ce poste a crié : « Halte ! qui va là ? » — « Patrouille « rentrante! » — « Un homme en avant!... Le mot d'ordre? Le mot de ralliement ?... Patrouille, passez! » — J'ai demandé alors : « Qu'aurait dû faire le poste si « les hommes lui avaient été *inconnus?* »

« On les aurait conduits à la troupe d'examen! » m'a-t-on répondu. — Sans doute, c'est ce que prescrit la théorie, mais aussi c'est difficile dans la pratique. Par le fait, on peut être dans l'impossibilité d'envoyer à la troupe d'examen des personnes inconnues, suspectes, qui, en dehors du chemin principal, veulent passer près d'un poste. Il faut absolument conduire l'individu interpellé à la grand'garde, et, s'il y en a plusieurs, la sentinelle qui reste du double poste doit ne pas perdre les autres de vue, mais *il ne faut pas les inviter à se porter en arrière*; autrement on ne saurait plus où ces individus vont s'arrêter (1).

(1) Ce n'est que dans les postes qui se rattachent à la ligne d'investissement d'une place forte qu'il est bon de donner l'ordre de faire reculer *tout de suite tous* les gens inconnus, à l'exception des parlementaires. — (*Note de l'auteur.*)

J'ai donc prescrit une fois pour toutes :

« De *chaque* poste, *tous* les inconnus seront conduits
« à la grand'garde. »

C'est là une consigne facile à comprendre et qui
supprime en même temps l'*examen* du poste, qui ne
remplit pas le but qu'on se propose.

L'ennemi ne s'étant pas avancé davantage (ce qu'on
n'aurait pu souffrir, du reste), j'ai détaché du soutien
une patrouille de sous-officier (un sous-officier et
huit hommes) pour le repousser jusque derrière les
champs de tir, et pour s'assurer de la position des
avant-postes ennemis.

J'ai saisi cette occasion pour faire une théorie sur la
conduite spéciale d'une semblable patrouille de reconnaissance, attendu que dans cette occurrence on procède
souvent en campagne d'une manière fausse.

Instructions et conduite d'une patrouille de reconnaissance.

Le but de la patrouille de *reconnaissance* est toujours de fournir des renseignements *plus précis* sur
l'ennemi, en admettant que les patrouilles rampantes
n'aient pas pu les fournir, parce que des patrouilles
ennemies les en ont *empêchées.*

Il s'agit donc pour une patrouille de cette espèce :
1° de *repousser* les patrouilles ennemies, et 2° de
s'avancer plus loin vers la position des avant-postes
ennemis.

Le meilleur moyen d'atteindre le *premier* but dans
des circonstances comme celles dont il s'agit, c'est
de marcher rapidement et d'*envelopper* la patrouille

ennemie ; pour atteindre le *dernier*, il faut détacher des patrouilles rampantes vers l'ennemi, au moins dans *deux directions*.

La patrouille de reconnaissance s'avance donc *tout d'abord* en ligne de tirailleurs par bonds successifs, et cherche à gagner les flancs et les derrières de la patrouille ennemie pour la forcer à la retraite. Si l'on y *réussit*, la patrouille doit se *rassembler* promptement sur un point favorable, afin que le sous-officier puisse donner des instructions spéciales pour la *seconde* partie de sa mission.

Ces instructions doivent en principe consister en ceci : Trois hommes sont détachés en avant comme patrouille rampante, vers un point où l'on suppose *l'aile* ennemie, ou bien vers le point dont on peut le mieux s'approcher à couvert, tandis que le sous-officier, avec le reste, suit rapidement la direction dans laquelle la patrouille ennemie s'est retirée, ou vers laquelle il suppose que se trouve le *soutien* ennemi. Ce point de départ doit être indiqué comme lieu de rassemblement en cas de retraite, et même on peut y laisser deux hommes, surtout si c'est un pont ou un défilé d'une autre espèce (1).

Le *sous-officier* avec ses hommes doit alors chercher à se renseigner sur la position du *soutien* ennemi. *Le plus simple*, c'est de jeter l'alarme, par une attaque

(1) On trouvera un exemple de la manière dont on doit *s'écarter* de ce principe, dans des circonstances différentes, lors de l'exposition d'une « manœuvre de combat et d'avant-postes « d'une compagnie contre une autre. » — (*Note de l'auteur.*)

rapide et un feu vif, sur un point de la ligne des senti-nelles, et de se retirer promptement, dès qu'on a décidé le soutien ennemi à se faire voir. La *cessation* du feu est alors en même temps pour la première patrouille rampante un avertissement qui lui indique qu'il faut se retirer également vite, même en supposant qu'elle n'ait vu que peu de chose. Sa mission doit spécialement consister à voir, si c'est possible, où se tiennent les *sentinelles* isolées, et à s'assurer que l'on peut les sur-prendre et percer facilement sur un point de la ligne de ces sentinelles.

En appliquant ces principes au cas précédent, le sous-officier devait donc tout d'abord agir à peu près comme la patrouille rampante avait agi précédemment, c'est-à-dire laisser quelques hommes sur le front pour obser-ver l'ennemi, tandis que les autres auraient atteint suc-cessivement, file par file, les flancs de l'ennemi en gagnant du terrain de côté et en avant. L'ennemi devait ainsi être repoussé jusqu'au delà de la lisière opposée des champs de tir, puis on y aurait rassemblé la patrouille à couvert, et trois hommes auraient été détachés comme patrouille rampante vers l'aile *gauche* ennemie (sup-posée), pendant que le sous-officier aurait cherché à atteindre le chemin principal qui conduit au village N, avec le reste de ses hommes formés en patrouille, étant admise l'hypothèse qu'un soutien ennemi devait se trouver dans le village près de ce chemin principal.

Si l'ennemi se montrait auparavant, quelque peu en forces, de ce côté du village, le sous-officier *devait* naturellement se mettre en retraite, mais il avait atteint son but, autant du moins que c'était possible.

J'ai ordonné ensuite au sous-officier de partir, et j'ai fait avancer la compagnie jusqu'au parapet, afin qu'elle pût voir. Mais, pour mettre de mon mieux le temps à profit, j'ai en outre fait suivre le sous-officier par deux hommes qui devaient compter les pas, en recommandant à l'*un* de ces hommes de s'arrêter à 300 pas (240 mètres) et à l'*autre* de faire halte à 600 pas (480 mètres); tous les deux devaient faire face au retranchement, et alternativement se coucher, se mettre à genoux et se relever. Je considère comme très-important de mettre sous les yeux des hommes *ces deux distances* aussi souvent qu'on le peut, en terrain très-varié et très-diversement éclairé; — la première comme limite pour le *feu individuel,* efficace contre les tirailleurs ennemis, la dernière comme limite pour les feux de salve et les feux rapides contre de petites troupes à rangs serrés. Les officiers et les sous-officiers doivent surtout être parfaitement sûrs d'eux-mêmes dans l'estimation de ces deux distances. J'ai aussi pris le parti de faire faire, à l'avenir, pour compter les pas, de grands pas égaux au mètre, afin d'éviter le calcul de transformation des pas comptés en mètres. Cet exercice peut facilement se faire sur les champs de tir pour les subdivisions qui ne tirent pas; de même qu'au retour on peut faire l'appréciation des distances.

Dès que le premier homme s'est arrêté à 300 pas, j'ai fait mettre en joue aux pelotons qui étaient derrière le parapet, et j'ai prescrit de viser *à la tête* quand l'homme se *mettait à genou*, et à deux pieds environ au-dessus quand il se *couchait*. Les chefs de peloton et de groupe ont dû contrôler l'en-joue. De même à 600 pas.

Conduite de la patrouille de reconnaissance et de l'ennemi.

La patrouille de reconnaissance s'étant déployée et s'étant avancée par files et par bonds successifs, j'ai fait faire une pause et j'ai ordonné aux hommes de regarder.

Les quatre hommes de l'ennemi se sont bientôt retirés, mais ils ont été encore une fois prendre position à l'angle extérieur des champs de tir.

J'ai vu le sous-officier diriger très à propos contre cette position concentrée, qui ne lui donnait aucune prise pour un mouvement de flanc, non plus une marche en avant *file par file*, mais une attaque concentrique de tout son monde à la fois, de manière à culbuter complétement la patrouille. Je l'ai vu aussi ensuite détacher bientôt vers la droite la patrouille rampante.

Les deux hommes de l'ennemi, à l'autre angle des champs de tir, avaient dû également battre en retraite, car j'ai vu une patrouille du poste de sous-officier se porter de même en avant.

J'ai alors fait sonner « *l'assemblée*, » et, pendant que la patrouille de reconnaissance et l'ennemi se dirigeaient vers le retranchement, j'ai fait compter les pas à quelques-uns des hommes qui s'y trouvaient déjà, mais cette fois dans la direction du poste de sous-officier détaché, de 300 à 600 pas; puis, du retranchement, j'ai fait viser sur eux.

Dès que tout le monde a été réuni au retranchement, j'ai donné l'ordre de se rassembler vers le poste de sous-officier. J'ai galopé vers ce détachement et je lui ai fait signe de rester de pied ferme ; puis je lui ai fait aussi pratiquer l'estimation des distances jusqu'à l'arrivée du reste de la compagnie. J'ai demandé ensuite au commandant de la grand'garde le rapport que j'avais ordonné de fournir sur les événements, et je l'ai parcouru rapidement avec les sous-officiers, en en faisant remarquer la forme et le contenu. Le rapport du sergent A contenait ce qui suit :

N° 2. De la grand'garde du sergent A.
5 heures de l'après-midi.

« *La grand'garde a pris position pour la nuit comme il est indiqué sur le croquis. Une patrouille ennemie s'est établie dans les champs de tir ; mais elle a été repoussée par le sous-officier C avec huit hommes, jusque dans le voisinage du village N, où se trouvent les avant-postes ennemis.* »

Sergent A.

DEUXIÈME EXERCICE

Le...... juin, dans la matinée. — Mon intention était
de combiner dorénavant les exercices d'avant-postes et
de grand'gardes avec les manœuvres de combat, par
suite de placer en face l'une de l'autre deux subdivisions
dans des hypothèses déterminées, de laisser aux chefs
une certaine liberté dans les dispositions à prendre, mais
de surveiller moi-même l'exécution dans tous ses détails,
et d'intervenir partout où il se produirait, soit dans les
dispositions, soit dans l'exécution, quelque chose qui ne
parût pas utile à l'instruction, ou qui fût incorrect en
soi-même.

J'ai eu soin d'abord de choisir un terrain qui offrit
au défenseur des avantages marqués, et, d'autre part,
pour cette même raison, j'ai donné à l'assaillant une
force double, — deux pelotons contre un. Ces conditions devaient amener tout naturellement l'assaillant à
diriger l'attaque principale contre *les flancs*, et, par conséquent, il importait surtout aux chefs de la troupe, pour
les prochains exercices :

1° *De reconnaître exactement les points faibles et
les points forts du terrain;*

2° *De deviner d'avance, au moins en partie, les
intentions de l'adversaire et les mesures prises par
lui; et, en partie aussi, de se faire renseigner à temps
par les patrouilles et les reconnaissances;*

3° *De disposer bien à propos leur détachement pour le combat, d'une part, et, d'autre part, de se donner l'avantage en prenant une résolution rapide au moment opportun et sur un point décisif.*

Vu le faible effectif des subdivisions, comme je pouvais, selon toute apparence, surtout en terrain libre et découvert, observer tous les détails de l'exécution, je comptais que ces exercices auraient pour effet de perfectionner l'*instruction de détail* de la compagnie en ce qui concerne le service des grand'gardes et le combat, et qu'ils concourraient en même temps à porter à *un degré supérieur* l'éducation de la troupe et de ses chefs, en donnant :

Aux chefs : un coup d'œil rapide, une prompte résolution, de la clarté et de la précision dans les dispositions prises et dans les ordres donnés;

Aux hommes : l'habitude de s'en tenir *prudemment*, en toutes circonstances, aux *règles et aux prescriptions enseignées*, et cependant de n'exécuter aucun ordre seulement *mécaniquement*, comme lorsqu'ils sont par rangs et par files, mais d'agir avec *une initiative intelligente* appropriée au but et favorable à la cohésion de l'ensemble.

Les *règles* dont l'*homme isolé* ne doit jamais s'écarter dans le combat ne sont pas si nombreuses : « *S'intercaler* à propos dans l'*agencement du groupe*, de pied ferme, en mouvement, au feu, » — pour lui tout est là !....

Je devais penser qu'en apportant quelque attention à

ce détail absolument nécessaire, il ne serait pas impossible d'amener l'homme à y faire preuve d'une certaine habileté mécanique.

Mais il en est autrement quand il s'agit d'*éveiller l'initiative intelligente*, dont le soldat doit faire preuve pour *chaque coup de feu à envoyer* dès qu'il est en tirailleur, *en visant juste et de sang-froid*, en tirant sur l'ennemi *au moment opportun*, lorsque ce dernier peut être *facilement touché* (soit qu'il se *découvre* momentanément, soit qu'un *soutien entre en ligne*) ou lorsque sa mort a une *importance* majeure (viser les *chefs* ou spécialement les tireurs ennemis qui se font remarquer par leur adresse, ou bien *les soutiens* dans les moments qui *précèdent l'action décisive*).

Ces détails sont presque toujours *impossibles à contrôler*, et par suite on ne peut en *enseigner la pratique*, même d'une façon très-imparfaite, — et cependant c'est là ce qui *constitue toute la supériorité* de l'instruction en face de l'ennemi, en supposant d'ailleurs dans les deux troupes en présence une discipline égale et une même bravoure.

Aussi *faut-il* faire tout ce qu'on *peut* pour arriver à cette *initiative intelligente* de l'homme isolé, et l'on n'y parvient dans le service en campagne qu'en y apportant un intérêt et une attention soutenus. *Des exercices répétés* peuvent *seuls y habituer* le soldat, à tel point qu'enfin la chose lui devienne *facile* et *se comprenne d'elle-même*.

Par contre, pour *les chefs en sous-ordre*, la tâche est

plus compliquée, parce qu'ils doivent concourir à l'*instruction* de la troupe en même temps qu'ils s'exercent et s'instruisent *eux-mêmes*, — et qu'ils ont à *trouver* personnellement *leurs places* dans l'ensemble, en même temps qu'ils *conduisent* et *contrôlent* leur subdivision.

Un *moyen facile* pour eux de s'en tirer, c'est de s'attacher *mécaniquement*, dans la direction, à suivre des *règles* simples et déterminées; — de cette façon, ils n'auront pas besoin de se demander *comment* ils doivent agir, ni de recevoir des instructions quant à la *manière de faire*; — l'ordre étant pour ainsi dire tout prêt dans leur tête, aussitôt qu'on leur aura indiqué *ce qu'il* y a à faire, un regard jeté sur le terrain leur suffira pour transmettre avec précision les commandements nécessaires. Aussi, ici encore, le *maintien* des *règles* une fois prescrites et appliquées, et *l'observation constante* de ces règles dans la pratique, jusqu'à ce qu'on en ait pris une habitude mécanique, voilà *la base* de tout *perfectionnement* d'instruction pour le chef; c'est *le moyen* pour arriver au but, mais ce n'est pas le but lui-même. *Le but*, c'est de mettre le chef, en lui faisant sentir légèrement *l'empire des règles*, à même de tenir bien en main la direction de la troupe, et d'assurer aussi promptement que possible *l'exécution* des résolutions devenues nécessaires.

C'est d'après ces principes que j'ai dressé mon plan pour les prochains exercices.

Il me fallait trois séances pour rompre, l'un après l'autre, chaque peloton au service de *grand'garde* et à la pratique du *combat défensif*; — en tout cas, il me

fallait *au moins deux* exercices de détail, en admettant
que le peloton de tirailleurs eût fait déjà le plus important comme grand'garde dans les *exercices préparatoires*. Pour les *deux* autres pelotons, étant donnée
l'existence de la grand'garde, ces exercices devaient
ensuite se transformer d'eux-mêmes en manœuvres
propres à apprendre aux détachés la conduite à tenir
pour *marcher en avant* et pour *attaquer* une position.

Les exercices de retraite et de poursuite devaient s'y
ajouter tout naturellement, et il était seulement nécessaire de régler les choses de telle sorte que l'attaque
eût des chances de *réussite* une fois, et qu'elle n'en *eût
pas* l'autre fois. Pour être toujours le maître de décider,
suivant les circonstances, qu'il en serait de telle ou telle
manière, j'ai trouvé à propos de donner à chaque détachement un fanion, qui ne devait être déployé que sur
mon ordre spécial. — Pour ces premiers exercices, il y
avait intérêt à avoir un terrain découvert permettant de
voir au loin, en partie pour pouvoir mieux observer
les détails, en partie pour faciliter la stricte observation
des règles prescrites. — Ensuite, il fallait absolument
faire un exercice de patrouilleurs en terrain coupé et
couvert, pour enseigner la conduite à tenir par les
patrouilles en pareille occurrence, — et en même temps
comme préparation au service des avant-postes et aux
exercices de combat sur un terrain semblable.

En exécutant, en même temps que ces derniers exercices, un *combat de défilé*, j'économisais un jour qu'il
m'aurait fallu spécialement consacrer à ce genre de

combat; et je pouvais ensuite m'entendre avec une autre compagnie pour un exercice d'avant-postes et de combat, commençant l'après-midi par des avant-postes établis par l'un des partis et attaqués par l'autre, — et se continuant, *après le combat,* par la *réoccupation* d'une autre position d'avant-postes, avec patrouilles et reconnaissances envoyées de part et d'autre jusqu'à la nuit. Une grande reconnaissance de nuit, combinée avec une fausse alerte sur un autre point, pouvait encore terminer cette manœuvre.

Suivant le temps qui devait alors me rester, je pouvais, soit recommencer une manœuvre analogue sur un autre terrain, soit — pour voir jusqu'à quel point ma compagnie était dressée à agir *rapidement* en cas *de surprise,* — exécuter une manœuvre qui conduisit à une *rencontre par surprise.* Si les sous-officiers et les hommes soutenaient *cette* épreuve avec succès, l'instruction pouvait être réellement considérée comme arrivée à des résultats assez satisfaisants.

PRATIQUE DU SERVICE DES AVANT-POSTES AVEC COMBAT

(Voir fig. 2.)

ORDRE POUR LE 1er PELOTON : *Le peloton est détaché en avant d'un soutien (supposé) posté à Mengenich, à 7 heures et demie, vers le bois voisin, comme grand'garde de l'aile gauche, s'appuyant à la ferme de Nüssenberg. La grand'garde de l'aile droite (supposée) est à Bocklemund. — Les hommes ont 5 cartouches, le bonnet et le sac. On prend position à 8 heures. Un clairon avec un drapeau est attaché à ce peloton.*

ORDRE POUR LE 2e PELOTON ET LE PELOTON DE TIRAILLEURS : Chef, le lieutenant N. — *Ces deux pelotons doivent attaquer et culbuter l'aile gauche des avant-postes ennemis, qui se trouvent entre Mengenich et Bocklemund. Le détachement part à 7 heures trois quarts de Bickendorf, où se tiennent les avant-postes (supposés) de son parti. Les hommes ont 5 cartouches, le casque et le sac. Un clairon avec un drapeau.*

A 7 heures et demie j'étais à Bickendorf, où je trouvais les deux pelotons déjà placés à l'abri derrière une ferme. Là j'ai entendu donner les instructions suivantes :

Instructions pour le 2e peloton et le peloton de tirailleurs.

Le 2e peloton, avec un sous-officier et douze hommes du peloton de tirailleurs formant l'avant-garde, s'avancera pour l'attaque par le chemin qui mène droit à Nüssenberg. Le reste du peloton de tirailleurs, sous les ordres du sergent A, suivra le chemin qui conduit au bois, pour occuper l'ennemi de ce côté, et l'empêcher de porter secours à Nüssenberg. Il s'agit de repousser promptement les patrouilles ennemies et de les poursuivre vivement.

Instructions pour le 1er peloton.

J'ai approuvé ces instructions et j'ai continué ma course vers le bois. Ici la pointe était justement arrivée à la lisière (en \), avait fait halte, et recevait l'ordre de s'avancer comme patrouille vers Bickendorf, mais sans dépasser le chemin qui conduit à Ossendorf. En même temps, une seconde patrouille était envoyée au delà de Nüssenberg vers Ossendorf, avec l'ordre de ne pas dépasser le chemin menant à Bickendorf.

Un sous-officier a été ensuite détaché avec six hommes à Nüssenberg, pour y former un poste de sous-officier détaché: on l'avait averti que l'ennemi était probablement à Bickendorf et à Ossendorf. Le reste du détachement s'est installé comme grand'garde dans le bois, près de la lisière, à cause de la disposition favorable du terrain, avec une seule sentinelle devant les armes à l'angle saillant.

On a montré tout de suite aux hommes les distances de 240 et de 480 mètres sur le terrain (qui était parfaitement libre, et seulement couvert des deux côtés du chemin par des blés passablement élevés): l'éloignement de la lisière à Nüssenberg a été évalué à 240 mètres.

On avait déjà prévenu la troupe que le soutien (supposé) était à Mengenich et la grand'garde de l'aile droite (supposée) à Bocklemund. Les sentinelles n'avaient par suite besoin d'aucune autre instruction. Elles étaient au courant des trois questions principales, puisque les noms des villages leur étaient également connus.

De là je me suis porté à Nüssenberg, où le terrain, tout en étant libre immédiatement derrière la ferme, monte ensuite doucement jusqu'à 150 pas dans la direction du chemin de Longerich, ce qui empêche de voir au delà.

Cette circonstance avait forcé le sous-officier de pousser sa double sentinelle jusqu'à la hauteur, près du chemin de Longerich. Lui-même, avec les quatre autres hommes, se tenait, après en avoir demandé la permission au propriétaire de la ferme qui autorisait aussi à se servir des chemins dans le jardin, derrière la haie de Nüssenberg, d'où il ne pouvait pas, il est vrai, bien voir au loin le chemin d'Ossendorf à cause des blés, mais où il était couvert par la patrouille envoyée en avant. Son champ de tir, à partir de la haie, n'était que de 150 pas environ.

Attaque et défense de Nüssenberg.

La patrouille a envoyé tout à coup la nouvelle suivante : « Un détachement ennemi, fort d'un peloton et « demi, vient de la direction d'Ossendorf; deux sections « sont en marche vers le bois par le chemin de Bicken- « dorf. »

En même temps, j'ai vu l'autre patrouille envoyer la même nouvelle à la grand'garde du bois.

Le sous-officier a prescrit à la patrouille de se retirer devant l'ennemi sur son aile droite. Bientôt après, un coup de feu est parti, puis un autre, — c'était un signal pour dire que l'ennemi s'avançait.

La patrouille a couru en arrière, le long du blé, deux hommes restant encore arrêtés à un angle pour observer les environs et faire feu de nouveau. Du côté de l'ennemi, plusieurs coups de fusil ont aussi été tirés à ce moment; j'ai vu, en m'avançant un peu, que la pointe de cinq hommes avait pris position en face de la patrouille, et qu'elle avait été renforcée par l'avant-garde. Remarquant que, dans la précipitation, on visait mal, j'ai fait arrêter aussitôt, et j'ai demandé à un tirailleur comment il avait visé. Il m'a répondu assez exactement, et cela a suffi pour engager les tirailleurs à régler leur tir avec plus de soin, — ils avaient compris ce que je voulais.

J'ai alors fait continuer à avancer; les tirailleurs de l'avant-garde ont couru 50 pas environ en avant jusque derrière un angle du champ de blé, et se sont mis à genou lorsqu'ils ont vu que la haie de Nüssenberg était occupée. La patrouille s'était retirée devant eux tout à fait à l'aile droite de la haie; un homme avait été immédiatement envoyé au bois pour y porter des nouvelles (*verbalement*, attendu que le temps manquait pour faire un *rapport écrit*). Au même instant, j'ai entendu crier de la ligne de tirailleurs en arrière : « La lisière de « Nüssenberg est occupée par une section ennemie! » Le lieutenant N s'est avancé et a donné au chef du soutien l'ordre de se porter vers le chemin de Longerich à l'abri de la hauteur, et d'attaquer de ce côté.

Aussitôt, le peloton s'est fait précéder de quelques files en tirailleurs, et a suivi par le flanc.

J'ai vu la double sentinelle de la hauteur, qui avait déjà regardé souvent autour d'elle avec irrésolution, se retirer tout à coup derrière la haie. Cette conduite ne m'a pas convenu. Ces deux hommes auraient dû au moins faire feu auparavant, et envoyer prévenir.

J'ai fait sonner : « Halte ! » et j'ai fait retourner, sans qu'on pût la voir, la double sentinelle à sa place; là, j'ai dit aux hommes qu'on ne devait jamais abandonner sans nécessité une position aussi favorable, mais bien arrêter l'ennemi aussi longtemps que possible, d'autant plus que leur retraite ne pouvait être aucunement compromise. J'ai ensuite fait sonner pour tout le monde: « Avancez! » De fait, il est arrivé alors que deux coups tirés l'un après l'autre, à peu d'intervalle, par cette double sentinelle, ont fait hésiter tout le peloton d'attaque, attendu qu'il ne pouvait voir par quelles forces était occupée la hauteur. La portion du peloton qui était à rangs serrés s'est aussitôt jetée à terre au commandement, les files qui se trouvaient en avant ont été renforcées et ont pris position pour faire feu. Le sous-officier le plus avancé qui, pendant ce temps, avait observé avec précision, a crié alors en arrière: « Il n'y a qu'une « file ennemie! » et il a commandé: « A l'assaut! Marche, « marche! » Le double poste, après avoir tiré encore une fois, s'est enfin porté en arrière et a regagné très à propos l'aile gauche de son détachement.

Le sous-officier, avec son groupe de tirailleurs, a gravi à la hâte la pente de l'élévation; en haut, il a été aussitôt reçu à 150 pas par un feu rapide venant de la haie. Je lui ai ordonné de se mettre à couvert derrière la hauteur.

A ce moment, j'ai entendu aussi des coups de feu vers le bois. J'ai vu une section se porter de là, au pas de course, au secours de Nüssenberg. Pendant son mouvement, cette section a reçu des coups de fusil du chemin de Bickendorf. Dans l'intervalle, le lieutenant N s'était avancé de sa personne sur la ligne de tirailleurs, pour s'assurer de la force de la position ennemie.

Il a vu d'un coup d'œil que, pour le moment, la troupe d'occupation était faible, mais que le renfort approchait. Il a crié rapidement à son soutien : « Marche, « marche! » et dès qu'on a été un peu plus près, il a également crié à la ligne de tirailleurs : « A l'assaut!.. « Marche, marche! » — Le hurrah! a engagé aussi les deux sections du peloton de tirailleurs qui suivaient le chemin d'Ossendorf à donner l'assaut en même temps, et la haie a dû être abandonnée en toute hâte. La section de renfort est arrivée trop tard et a pu seulement prendre rapidement position derrière la ferme pour couvrir la retraite de l'autre section. — Dans un combat réel, n'aurait-il pas pu arriver qu'une rapide attaque de ce soutien eût été assez efficace pour repousser aussitôt l'ennemi doublement supérieur?

Le lieutenant N voulait tout de suite poursuivre l'attaque jusqu'à la lisière opposée de Nüssenberg, par conséquent passer en quelque sorte sur le corps du soutien ennemi, — ce qui, dans la réalité, aurait vraisemblablement réussi, puisque ce soutien ne prenait pas lui-même l'offensive, — mais je lui ai donné l'ordre de faire arrêter, et de déloger ensuite l'ennemi en le tournant. Je voulais ainsi voir en même temps comment les hommes, qui naturellement s'étaient mêlés les uns aux autres pour cet assaut sur un espace restreint, s'entendraient à retrouver leurs places.

L'ordre de s'arrêter a été aussitôt exécuté, mais un rassemblement d'une certaine épaisseur est resté sans abri suffisant à portée efficace du feu, et le chef a paru embarrassé pour remédier à ce désordre. Aussi ai-je fait sonner : « Halte ! » d'autant plus que j'entendais en ce moment un hurrah ! en face du bois.

J'ai d'abord galopé jusqu'au bois, où la lisière était encore occupée par deux sections en très-bonne position, auxquelles les deux sections du peloton de tirailleurs après avoir, pour commencer, entretenu, à 200 pas et à couvert, une longue fusillade, venaient justement de donner l'assaut. J'ai décidé que cette attaque était repoussée, et j'ai fait venir les chefs en sous-ordre à Nüssenberg pour examiner la situation de ce côté.

Continuation de l'attaque en combat dispersé (avec des groupes non constitués).

L'attaque et la défense se trouvaient là à 50 ou 60 pas l'une de l'autre ; à cause de son petit nombre, le défenseur était mieux abrité que l'assaillant, qui, en grande partie ramassé en un tas, ne trouvait pas l'espace nécessaire pour diriger sur son adversaire un feu supérieur, — situation qui se présentera dans tous les combats de village, si, après la prise d'assaut de la lisière, le défenseur tient encore dans l'intérieur des fermes.

J'ai indiqué comment l'assaillant devait *toujours* s'y prendre en pareil cas pour donner suite à son attaque *en ordre* et éviter des pertes inutiles, c'est-à-dire qu'il fallait faire gagner rapidement un *abri* au *groupe* en désordre et non couvert, les tirailleurs déployés profitant d'ailleurs de tous les abris qu'ils rencontraient pour continuer le feu. Dans un moment semblable, il est rare que le chef de *tout le détachement* puisse donner un pareil ordre lui-même ; il faut donc que *chaque sous-officier*, que *chaque homme* sache d'avance, *une fois pour toutes*, que, dans le cas où il faut *s'arrêter* immédiatement après l'assaut à l'apparition d'un soutien ennemi, les tirailleurs doivent d'eux-mêmes mettre à profit, pour faire feu, l'abri le plus voisin, tandis que tout ce qui s'est ramassé en *groupe* épais doit, *sans reculer* (ce qui serait une grosse faute en un pareil moment), *se jeter* rapidement, sur un signe des chefs, *derrière* ou *dans la ferme la plus voisine* pour la défendre.

Même quand l'essaim se fractionnerait pour cela en deux portions, l'un des chefs pouvant avoir fait signe vers l'*une* des fermes, le second ayant fait signe vers l'*autre*, c'est encore moins nuisible que de rester irrésolu, ramassé en tas sous le feu de l'ennemi. — *En second lieu*, il faut que le chef du détachement désigne tout de suite un des gradés en sous-ordre pour renforcer, avec un certain nombre d'hommes, la ligne des tirailleurs, soit sur son front, soit sur son flanc (selon l'ordre donné), pour tourner l'ennemi.

Comme il s'agit alors de renforcer la ligne *aussitôt que possible*, il importe peu que le gradé choisisse ses hommes pour cette opération, mais il importe qu'il en *réunisse* rapidement *sous ses ordres* autant qu'on en a commandé, et qu'il parte avec ce renfort. Le reste doit ensuite être réorganisé par les gradés qui ne marchent pas, ou bien réparti de nouveau de manière à être employé *en bon ordre*, suivant que les circonstances l'exigent.

Dans le cas spécial où la compagnie se trouvait, l'occasion était favorable pour jeter bien vite derrière la maison d'habitation le groupe qui se composait en partie du peloton de tirailleurs, en partie du 2ᵉ peloton. Les tirailleurs de droite et de gauche appartenaient également aux deux pelotons.

J'ai examiné d'abord la position des tirailleurs ; j'ai fait des observations à tous ceux qui auraient pu se mieux placer, et je leur ai fait prendre une meilleure position. Puis j'ai commandé au plus ancien sous-officier du groupe de prendre ses dispositions ultérieures en ce qui le concernait, l'officier ne devant lui communiquer que des ordres très-courts.

Ce dernier a donc ordonné: « A la maison!.. Marche, « marche!... » Sur quoi tout le groupe s'est jeté contre la maison, les sous-officers *en avant*, ce qui est très-important, pour que les hommes les aient toujours devant les yeux et puissent rapidement comprendre les ordres qu'ils peuvent donner.

L'officier a ensuite commandé au plus ancien sous-officier (ou même à un sous-officier quelconque de l'aile droite): « Deux sections en tirailleurs pour envelopper « l'aile gauche de l'ennemi ! »

Le sous-officier a de son côté promptement formé un détachement des dix hommes les plus rapprochés de l'aile droite : « Section de l'aile droite, — en tirailleurs! « — à droite dans le prolongement de la ligne! » puis, pour les dix suivants: « 2ᵉ section, déployez pour ren- « forcer les tirailleurs à droite ! »

Il s'est porté en avant avec cette dernière section, mais il aurait pu aussi bien s'avancer tout de suite avec la première, et donner le commandement de la section suivante à un autre sous-officier pour accélérer davantage l'exécution.

Il ne restait plus alors du groupe que deux sections environ, qui ont été formées par les autres sous-officiers sur deux rangs, et sont demeurées à l'état de soutien disponible.

Ceci exécuté, j'ai commandé au défenseur de se mettre en retraite sur le bois, et j'ai fait donner le signal : « Avancez ! »

Retraite sur le bois.

La retraite sur le bois a dû, dans ces circonstances, être effectuée *à la fois* par les deux sections au pas de course, attendu que l'ennemi menaçait de tourner l'aile gauche. Une seule file de cette aile, qui était postée d'une manière particulièrement avantageuse, a reçu l'ordre de rester de pied ferme encore un instant, puis on a commandé pour tout le monde : « *Demi-tour !* « *Marche, marche !* »

Les sections ont parcouru ainsi en retraite 150 pas environ au pas de course, dans une direction oblique à la lisière du bois. La section de l'aile droite a, pendant ce temps, reçu des coups de feu du chemin de Bickendorf, ce qui a déterminé le chef à commander: « Section « de l'aile droite ! Front ! et couchez-vous ! » — « Section « de l'aile gauche ! lentement en arrière, et occupez la « lisière du bois face à Nüssenberg ! »

Dans cette dernière section, les tirailleurs ont dû, comme on l'avait préalablement exécuté à l'exercice, faire alternativement front par rang pour tirer, et se porter ensuite plus loin en arrière. Quelques files des deux sections qui se trouvaient dans le bois ont été rapidement détachées à la lisière (vers B) pour recueillir les autres, et disposées de manière à déborder l'aile.

Attaque du bois.

J'ai empêché d'abord toute poursuite immédiate des tirailleurs au delà de la lisière de Nüssenberg, attendu qu'il ne faut jamais s'avancer sans ordre au delà de la position abandonnée par l'ennemi. Ce n'est que dans le cas exceptionnel où l'on est *certain* que l'ennemi n'a plus aucun *soutien*, qu'on peut se porter en avant immédiatement pour gagner une nouvelle position ; mais, même dans ce cas, une marche *individuelle* en avant est une faute, et le chef de l'ensemble doit ordonner la marche en avant *pour tout le monde à la fois.*

D'autre part, il y a *désavantage* à laisser à l'ennemi, qui s'est retiré dans une seconde position, le temps de se remettre en ordre et peut-être d'appeler à lui un soutien.

Aussi ai-je ordonné à l'officier de prendre rapidement ses dispositions pour continuer l'attaque. L'assaut contre le coin du bois occupé ne paraissant pas devoir être avantageux, il a tout de suite commandé aux deux sections de l'aile droite de s'avancer vers l'angle nord-ouest pour envelopper l'aile gauche ennemie.

Cet ordre a été exécuté au moyen d'une course en avant, demi à droite, groupe par groupe.

L'ennemi ayant dirigé son feu sur ce point, l'officier a commandé aussitôt aux tirailleurs sur le front: « Avan- « cez, groupe par groupe, de 50 en 50 pas! »

L'ennemi qui se voyait en ce moment menacé par six petites sections, de front et de flanc, tandis que deux sections se tenaient encore massées près de Nüssenberg, a pris dès lors ses dispositions pour continuer sa retraite.

On l'a vu détacher en toute hâte une section au pas de course, de l'intérieur de la partie épaisse du bois, pour renforcer son aile gauche, et il a porté une autre section directement en arrière sur Mengenich, le long de l'autre lisière (mais ce dernier mouvement ne pouvait pas être vu distinctement de Nüssenberg).

A cet instant, l'officier a commandé : « A l'assaut!... « Marche, marche! » et dès que ses tirailleurs ont commencé à exécuter cet ordre, les deux autres sections ont donné en même temps, sur le chemin de Bickendorf, l'assaut contre le saillant de la forêt, prenant ainsi part à la lutte parfaitement à propos, vu la situation du moment.

Le soutien à rangs serrés a suivi également au pas de course, sans autres ordres, comme cela doit toujours se faire en pareil cas.

Les tirailleurs ennemis ont promptement évacué la position en suivant la lisière du côté de Mengenich, attendu que d'épaisses broussailles auraient rendu difficile une retraite à travers le bois.

L'officier, une fois arrivé à la lisière, a tout de suite commandé : « Halte! » et : « Feu sur l'ennemi en re« traite! » — puis, au chef des deux sections de l'aile gauche qui, jusque-là, avaient pris la moindre part au combat : — « Avec les deux sections du peloton de « tirailleurs, suivez l'ennemi vers Mengenich! » — « Les autres sections, formez le soutien! »

Le sergent A a fait avancer les sections chargées de la poursuite en tirailleurs le long de la lisière, mais en détachant deux files à droite dans le bois pour maintenir les communications avec les deux sections de l'aile droite.

Il est vrai qu'à cause de l'épaisseur des broussailles, on n'y a pas réussi; mais il fallait aussi admettre que, dans le cas d'une affaire réelle, il aurait pu rester tout au plus quelques hommes isolés de l'ennemi, de sorte qu'il n'était pas absolument indispensable de faire fouiller complétement le bois par une ligne de tirailleurs continue: on aurait même eu tort de le faire, parce que, de cette manière, on n'aurait plus eu bien en main la conduite des tirailleurs.

J'ai ensuite galopé jusqu'à l'ennemi, qui avait déjà presque atteint la lisière opposée du côté de Mengenich.

J'ai crié au chef : « Déployez le drapeau! Vous avez « reçu de Mengenich une compagnie de renfort! »

Le chef a tout de suite arrêté les tirailleurs et leur a ordonné de se poster dans le bois; puis il s'est décidé à prendre immédiatement l'offensive, avec d'autant plus de raison que la position n'offrait aucun avantage pour la défense. Il a encore détaché une section de son soutien pour renforcer l'aile gauche, afin de mettre son flanc gauche en sûreté au moment du choc, et il a fait avancer le long de la lisière les tirailleurs avec le drapeau déployé en arrière.

Le drapeau déployé avait été vu bien vite par les tirailleurs lancés à la poursuite, et un homme avait été rapidement en prévenir l'officier.

Celui-ci, un caractère résolu, a voulu tout de suite s'avancer au pas de course avec son soutien à rangs serrés, soit pour fournir des salves, soit pour attaquer lui-même.

J'ai fait sonner : « Halte! » afin d'examiner la situation. Par sa précipitation, l'officier s'était décidément mis dans une position critique, attendu que, dans ce bois épais, l'attaque aussi bien que la défense offrait peu de chances de succès en présence d'un ennemi maintenant supérieur.

Il aurait évité ce danger si, après la prise de la lisière, il avait fait suivre l'ennemi seulement à droite et à gauche, c'est-à-dire le long de la lisière sud et le long de la lisière nord, par une section, avec la consigne de s'avancer autant que possible jusqu'au coin du bois en face de Mengenich, et d'y prendre position. En cas de réussite, l'officier aurait alors pu suivre avec le détachement, sans courir aucun danger, et, suivant les circonstances, prendre ensuite d'autres résolutions.

Il n'est pas prudent de pénétrer avec tout un détachement dans un terrain qui ne permet pas de voir autour de soi, sans envoyer en avant des reconnaissances.

J'ai alors ordonné à l'officier de se retirer sur Bickendorf. — Il a pris le bon parti de passer par Nüssenberg, y a tout de suite dirigé son soutien, et a ordonné aux tirailleurs de suivre, en même temps qu'il a envoyé le même ordre à l'aile droite.

Voyant tout le détachement engagé dans une retraite bien ordonnée, j'ai déclaré la manœuvre finie.

TROISIÈME EXERCICE

Le...... juin, dans la matinée (Voir fig. 3). — ORDRE POUR LE 2ᵉ PELOTON : *A 8 heures, le 2ᵉ peloton, sous les ordres du sergent A, est placé en grand'garde sur la hauteur d'Arnoldshöhe, qu'il s'agit de mettre en état de défense, face à la ville, avec une troupe de patrouilleurs détachée jusque dans le bois qui se trouve en avant, pour patrouiller vers Alteburg et vers la chaussée.*

Les hommes ont cinq cartouches, le bonnet et le sac: on adjoint au peloton un clairon avec un drapeau.

ORDRE POUR LE 1ᵉʳ PELOTON ET LE PELOTON DE TIRAILLEURS : *Pour protéger le placement des avant-postes près de la chaussée et vers Alteburg, en présence d'un ennemi rapproché, le lieutenant N reçoit l'ordre de s'avancer à 8 heures, en partie par la chaussée, en partie par Alteburg, vers le bois et la hauteur d'Arnoldshöhe, et de repousser autant que possible sur cette hauteur les faibles détachements qu'il pourrait rencontrer, afin de reconnaître la position de l'ennemi.*

En cas de retraite, il doit se retirer sur la ligne (supposée) des avant-postes, que les deux pelotons doivent occuper aussitôt.

But.

BUT DE L'EXERCICE : *En outre de la pratique du service de grand'gardes et de patrouilles, on se propose d'exécuter une attaque enveloppante contre le bois, attaque qui réussit, et ensuite une attaque de front contre la hauteur, attaque qui est repoussée. Alors, on battra en retraite, on établira des avant-postes en arrière sous la protection d'un petit détachement; — et, suivant le temps qui restera, on enverra de part et d'autre des patrouilles.*

Inconvénient qui se présente.

Mon unique officier étant tombé malade, un autre officier était détaché à la compagnie, et je ne savais pas jusqu'à quel point il était au courant de ce que je demandais aux chefs sous mes ordres, et de ma manière de voir, surtout en ce qui regarde l'instruction de détail.

Moi-même, le matin, j'étais encore de service de jour; mais j'espérais être sur les lieux peu après 8 heures. Comme je l'ai appris plus tard, le sergent A avait lui-même posté sa grand'garde immédiatement au bord de la hauteur et avait mis devant les armes une sentinelle qui pouvait suffisamment découvrir le terrain jusqu'au bois, et même plus loin à certains endroits. Pour mieux battre la pente, deux tranchées-abris avaient été creusées; les distances de 240 et de 480 mètres avaient été marquées. Le sous-officier B, envoyé en avant dans le bois avec dix hommes, avait sa sentinelle devant les armes près de la lisière opposée, en A, d'où elle pouvait observer le terrain des deux côtés, vers la chaussée et vers Alteburg. Une patrouille avait été détachée vers Alteburg, avec l'ordre de ne pas dépasser le premier chemin de traverse sur la chaussée et de revenir ensuite par cette chaussée. — S'étant heurtée à l'ennemi avant d'y arriver, elle s'était directement repliée sur le bois, en G; et, postée à couvert sur la lisière, elle protégeait le flanc droit du poste de patrouilleurs.

Exemple de fautes commises dans la direction, par suite du manque d'habitude du chef à donner des ordres précis aux gradés subalternes.

J'avais suivi le chemin d'Alteburg, parce que je croyais que le lieutenant N, avec le détachement principal, serait parti de là pour s'avancer à couvert, ce qui était relativement facile, lorsque j'ai déjà entendu tirer au loin dans le voisinage de la chaussée. Bientôt même j'ai vu le lieutenant N debout au milieu de ses tirailleurs qui étaient couchés dans le fossé de la chaussée, et qui échangeaient des coups de fusil, à 350 pas environ, avec le détachement du sous-officier B. Son soutien se tenait à 80 pas à peine en arrière, en colonne par sections, à découvert sur la chaussée. Comme j'ai pu le remarquer plus tard, la faute en était à l'officier, qui avait pour principe de ne rien laisser faire qu'il n'eût directement ordonné. Ainsi il avait tout simplement crié au soutien : « Halte! » et le chef de soutien n'avait pas osé prendre sur lui de commander : « A genoux! » ou : « Couchez-vous! »

A Alteburg, un sous-officier avec une section se trouvait posté comme détachement latéral de gauche; il n'avait d'autres instructions que de s'avancer sur Alteburg, et d'agir suivant les circonstances. Il avait considéré son détachement comme trop faible pour s'avancer de lui-même plus loin, avant que le bois ne fût pris par le lieutenant N.

En ce moment j'ai vu le lieutenant N se porter en arrière pour lancer le soutien à l'attaque au pas de course. Le soutien s'étant rapproché, les tirailleurs se sont mis à courir avec lui; mais, comme à droite et à gauche du chemin qui conduisait au bois, il y avait des champs cultivés, tout le monde s'est entassé sur le chemin, et le soutien, devant lequel courait son chef, est devenu de plus en plus un ramassis sans ordre, dont les dernières fractions sont restées en arrière, parce qu'aucun sous-officier ne se trouvait à la queue du détachement.

Je ne reconnaissais plus mes hommes; tout ce que j'avais obtenu jusque-là avec tant de peine était littéralement comme oublié et perdu, — et cela tout simplement parce qu'ils étaient conduits autrement qu'à l'ordinaire. J'avais promptement atteint le bois, d'où un feu des plus efficaces était dirigé sur les pelotons assaillants.

Pour ménager les cartouches, j'ai prescrit de ne faire que le simulacre de la charge, et le clairon avec son fanion se trouvant par bonheur près du détachement, je l'ai fait sortir tout à coup du bois avec son drapeau déployé, et je l'ai lancé au-devant de l'attaque.

Le lieutenant N a commandé aussitôt : « Halte! » et : « Feu rapide! »

Je lui ai donné l'ordre de battre en retraite avec le détachement. Il a fait faire demi-tour et a commandé :

« Pas de course! » — Puis, l'idée lui étant aussitôt venue qu'il devait se couvrir par des tirailleurs, il a crié : « La section de derrière : Front ! (1) » Cet ordre n'a été exécuté qu'en partie, une portion des hommes croyant qu'il avait voulu dire la *dernière* section. Tandis qu'il se hâtait de faire faire demi-tour aux hommes, il n'a pas remarqué que ceux qui avaient déjà fait face à l'ennemi se tenaient l'arme sur l'épaule, et attendaient des ordres pour savoir ce qu'ils devaient faire.

Ainsi, les soldats avaient tout à fait cessé d'être en communion d'idées avec l'officier, parce que, dès le principe, ce dernier les avait commandés *directement* comme une troupe à rangs serrés, et qu'il n'avait laissé aux sous-officiers de tirailleurs aucune latitude pour agir à leur guise. Des sous-officiers, même intelligents, avaient été ainsi amenés à se conduire tout passivement et ne faisaient rien pour rétablir l'ordre.

Pour un chef de compagnie zélé, il n'y a rien qui puisse le mettre hors de lui-même comme de voir un officier, intelligent d'ailleurs et également rempli de

(1) C'est-à-dire *demi-tour* et *face à l'ennemi !*
L'auteur a voulu ici appeler l'attention sur la différence qu'il faut faire entre la section *de derrière* (*hinterste*) et la *dernière* (*letzte*) section. La section qui se trouve *derrière* peut avoir le premier numéro ou l'un des premiers numéros dans l'ordre primitif de la colonne ; et la *dernière* section, c'est-à-dire celle qui porte le *dernier* numéro, peut se trouver, à un moment donné, en avant au lieu d'être en arrière. C'est ce qui arrive dans le cas présent, où la colonne a fait face en arrière pour battre en retraite.
— (*Note du traducteur.*)

zèle et de bonne volonté, compromettre ainsi l'instruction et entraver l'intelligence de ses subordonnés.

J'ai été sur le point d'intervenir en employant la
sévérité, mais je me suis promptement calmé, attendu
que cette façon d'agir n'aurait en rien remédié au mal.
L'officier, en lui-même, aurait rejeté la faute sur le peu
d'intelligence des sous-officiers et des hommes, incapa-
bles, aurait-il dit, de rien faire sans ordres et même de
comprendre ses instructions.

Je me suis donc borné à lui prescrire de former une
arrière-garde et de se retirer sur la chaussée jusque
derrière les maisons les plus rapprochées.

Comme le lieutenant voulait de nouveau désigner
directement les hommes pour cette arrière-garde, je
lui ai ordonné de charger de cette mission un sous-
officier, qui devait tout seul prendre les dispositions
ultérieures. Cet officier a eu le bon esprit de comprendre ce que je voulais; le sous-officier a commandé à sa
section de prendre position près du chemin comme
arrière-garde, et les hommes ont exécuté cet ordre d'une
façon très-intelligente, parce qu'ils comprenaient maintenant ce qu'ils devaient faire.

Le détachement, qui poursuivait sa retraite, n'était
pas encore reformé en ordre, et comme il est difficile
de réorganiser, pendant la marche, des sections qui ont
fait demi-tour, j'ai dit à l'officier de ne reprendre la
formation régulière que derrière l'abri. Il est vrai qu'il
est bon d'exercer les hommes à trouver *exactement*
leur place à tout moment; mais dans la pratique il est

encore plus important de les habituer à se joindre provisoirement, pendant ou après un combat, à la section la plus voisine; de cette façon on les empêche de perdre du temps à la recherche de cette place *exacte*, et de déranger ainsi l'ordre *de leurs camarades*.

Critique et ordres nouveaux.

En marchant j'ai demandé à l'officier pourquoi il avait attaqué en ordre massé? — « Il avait voulu, m'a-t-il « dit, culbuter aussi vite que possible le petit détache- « ment ennemi! » — « Mais, vous ne saviez pas au « juste, lui ai-je objecté, s'il n'y avait pas de soutien « derrière! » — En supposant même qu'une pareille attaque puisse réussir dans un combat réel, — en *temps de paix*, où l'on doit s'exercer *soi-même* à conduire sa subdivision au succès avec le moins de pertes possibles et où l'on doit habituer ses hommes à faire un usage opportun de leurs armes, un semblable mode d'action doit être *prohibé* une fois pour toutes.

— « Maintenant, lui ai-je dit, reculez jusque derrière « la ferme la plus rapprochée, laissez là deux sections « avec l'ordre de ne se reporter en avant vers le bois « que lorsque vous marcherez d'Alteburg à l'attaque « avec votre détachement; et dirigez-vous de votre « personne, le plus à couvert possible, vers Alteburg, « pour, de là ou de Marienburg, attaquer le bois avec « des tirailleurs, en avançant par bonds successifs, et « en enveloppant la position. »

Je cherchais ainsi, par des instructions détaillées, — sans supprimer *complétement* l'initiative de l'officier, —

à l'amener à mieux conformer sa conduite à mes intentions. Il a été assez sage pour se mettre bien vite d'accord avec moi.

Dès que sa section déployée et battant en retraite avait atteint la chaussée, — l'ennemi ne poursuivant pas d'ailleurs, — le chef de son arrière-garde avait laissé une pointe tout contre cette chaussée, et fait placer rapidement en arrière le reste de ses hommes, par le flanc, dans le fossé du côté opposé de la route. Ici encore, on n'a tenu la main qu'à une chose : chacun a dû prendre place dans la formation du moment le plus rapidement possible. L'officier a ensuite prescrit au sous-officier de garder la ferme voisine occupée (il devait, dans ce but, mettre encore une section à sa disposition), et de ne se porter de nouveau à l'attaque du bois que lorsqu'il verrait l'officier lui-même attaquer en venant d'Alteburg. — Puis il s'est rendu à sa troupe principale, qui avait déjà atteint la ferme, a désigné un sous-officier avec une section pour rester en arrière, sous les ordres du sous-officier commandant l'arrière-garde, a rangé promptement le reste de ses hommes, et s'est avancé sur la chaussée pour tourner à droite et gagner Alteburg en se couvrant le plus possible.

J'ai vu avec une grande satisfaction que cet officier, qui récemment encore commandait si mal à propos, s'entendait cette fois à trouver avec promptitude des dispositions opportunes et intelligentes; — c'est une preuve qu'un homme *pratique* se range avec une facilité surprenante aux idées qui sont d'accord avec le bon sens humain.

Je l'ai alors laissé livré à lui-même, et je me suis porté vers le bois, où j'avais remarqué auparavant qu'une partie des hommes n'avaient pas convenablement mis à profit les abris existants.

Critique de la conduite du sous-officier et des hommes chargés de la défense.

Le sous-officier B avait déjà fait rentrer ses hommes jusqu'à la sentinelle devant les armes, mais sur son flanc droit la patrouille était encore couchée pour observer la section d'Alteburg. Après avoir fait tout de suite replier le drapeau, j'ai demandé d'abord si le sergent A avait été prévenu de l'attaque de l'ennemi. Le sous-officier B m'a montré un rapport écrit, très-court, qu'il venait de finir, et qu'il allait envoyer. Le rapport était suffisant dans son ensemble, mais on avait négligé de transmettre tout de suite au sergent A la *première* nouvelle de l'approche de l'ennemi.

Le sous-officier B avait négligé en outre de mettre à profit le temps qui *avait précédé* l'attaque pour préparer sa défense. Les buissons ne se prêtaient qu'en partie à ce que les hommes se missent à genou derrière pour faire feu avec l'arme appuyée.

Aussi, ai-je fait déployer encore une fois, et embusquer les hommes d'eux-mêmes de manière à pouvoir bien tirer en choisissant les buissons convenables. Ils se sont montrés encore peu habiles dans la manière de se servir de cette espèce d'abri.

La plupart du temps il est désavantageux de *se coucher* derrière des buissons, parce que la vue y est rarement libre. Ce qu'il y a de mieux en principe, c'est de *s'agenouiller* et d'appuyer l'arme sur une forte branche, quoique les broussailles n'offrent aucun abri contre les balles. Si on a le temps, on fera très-bien de creuser un trou de tirailleur pour chaque homme aux endroits où une attaque est vraisemblable, ou bien de construire un petit retranchement tout près d'un buisson pour cacher l'homme à la vue, et en même temps le protéger autant que possible contre les balles de l'ennemi.

En interrogeant les hommes sur la distance qui les séparait de la chaussée, j'ai reconnu aussi que le sous-officier n'avait pas appelé leur attention sur ce point; — je me suis expliqué ainsi les fautes commises par les hommes dans la défense. *Il faut toujours tenir sévèrement la main à cette recommandation, et c'est une légèreté funeste de la part du chef de ne pas profiter du temps dont il peut disposer pour préparer ses hommes à un combat probable, de telle sorte qu'ils puissent commencer tout de suite un feu tranquille et bien ajusté.*

Renouvellement de l'attaque venant d'Alteburg.

Pendant ce temps, le lieutenant N, s'étant rapproché d'Alteburg, avait fait avancer au pas de course une section comme avant-garde jusqu'à la section qui se trouvait déjà sur ce point, et s'était rendu lui-même près des sections de devant. Dans le cas actuel, il était nécessaire qu'il fût de sa personne présent en cet endroit, afin de pouvoir prendre directement ses dispositions en raison du terrain pour marcher en avant. Il n'y avait même aucun danger à ce que maintenant le soutien fût passablement rapproché en arrière, puisqu'il était en position couverte, — au contraire, aussi bien pour l'attaque que pour la défense, il y a avantage à *avoir* le soutien, serré ou déployé, le plus près possible en arrière de soi.

Mais il en est autrement en terrain *découvert :* si le chef de tout le détachement s'avance, dès les *préliminaires du combat,* jusqu'*aux groupes de devant,* et s'il y *reste,* ce n'est pas une raison pour que le soutien suive trop tôt et de trop près, et subisse des pertes inutiles, ou pour qu'il se déploie en tirailleurs sans en avoir reçu l'ordre. Il faut donc que ce chef se choisisse un point d'où il puisse observer *l'ennemi,* et en même temps se faire comprendre par signes du chef du soutien, dès que ce soutien doit entrer en ligne.

D'Alteburg, les champs cultivés empêchaient de marcher droit en avant contre le bois ; l'attaque devait donc se faire par Marienburg. Une section seule a pu être postée le long d'une bordure de champ pour protéger en même temps la marche de flanc vers Marienburg.

Attaque enveloppante (commencée de loin à cause des champs cultivés).

Le lieutenant N a donné à la 1re section l'ordre de s'avancer le long de la bordure, les hommes l'un derrière l'autre, et de marcher environ 150 pas vers le bois.

Le détachement de la chaussée s'est alors aussi porté

en avant avec un groupe déployé dans le fossé, la
2ᵉ section suivant en ordre serré à une distance convenable. Pour le sous-officier B, il ne s'agissait plus
maintenant que *de savoir* pendant *combien de temps* il
voulait résister à une attaque enveloppante aussi
gênante. « *Aussi longtemps que possible!* » telle est la
réponse que se fait tout d'abord un chef, quel qu'il soit.
Il doit seulement *ne pas se laisser couper* dans une
position avancée : — par suite, il lui faut avec son détachement se dérober à la manœuvre enveloppante *au
dernier moment.*

Le sous-officier a trouvé les meilleures mesures à
prendre tout d'abord ; il a désigné quatre hommes pour
arrêter aussi longtemps que possible les deux sections
sur la chaussée, et il se proposait, avec les trois autres,
d'aller à droite renforcer la patrouille.

J'ai fait ici deux recommandations :

1° Les quatre hommes devaient recevoir *l'ordre formel*
de *se retirer* lentement à travers le bois devant une attaque supérieure, et de ne pas perdre, pendant ce mouvement, leurs communications avec le sous-officier ;

2° Le sous-officier devait disparaître avec les trois
autres hommes sans être vu et *prendre position à
l'autre lisière, également sans être remarqué*, afin que
l'ennemi restât tout à fait indécis sur *les forces* qui se
trouvaient devant lui.

On s'est conformé à ces recommandations. L'attaque
a été alors exécutée de la manière suivante :

De la chaussée, le groupe de tirailleurs qui était en

avant a couru, par bonds successifs, le long du chemin sur un espace de 150 pas environ, et s'est couché de nouveau pour faire feu; la section à rangs serrés a marché en même temps dans le fossé de la chaussée, au pas de course et par le flanc, jusqu'à l'angle du chemin; et là, elle s'est aussi couchée à terre. Le chef, qui, à cause de la bonne position prise à couvert dans le bois par les deux files, ne pouvait voir quelle était la force de l'ennemi sur ce point, avait de bonnes raisons pour retarder la suite de l'attaque, jusqu'à ce que le mouvement tournant de Marienburg eût forcé l'ennemi à se retirer de lui-même. Les deux files, qui avaient déjà eu l'intention de se retirer, sont alors restées.

Pendant ce temps, de Marienburg, d'où l'on ne pouvait déboucher que par un *seul chemin*, l'avant-garde s'était portée en avant le long du chemin, déployée par le flanc. Dès que, du bois, elle a reçu des coups de feu, elle a couru encore environ 50 pas en avant, et s'est jetée à terre; le sous-officier a commandé : « Feu lent! »

Le soutien suivait à une assez grande distance, mais à rangs serrés. Comme, en pareil cas, je trouve qu'il vaut mieux s'avancer par demi-pelotons par le flanc *des deux côtés* de la route, j'ai galopé jusque-là, mais après avoir dit auparavant aux défenseurs du bois de disparaître un peu plus tard pour se mettre en retraite, autant que possible sans être vus.

Le lieutenant N était en avant près du premier groupe. Je lui ai fait remarquer qu'il pouvait tout aussi bien le surveiller de derrière, et qu'il aurait ainsi plus de facilité pour diriger le soutien. Il l'avait déjà senti de lui-même, attendu qu'ayant voulu appeler en avant une section de renfort, il avait dû se porter en arrière pour lui communiquer l'ordre. Des trois sections du soutien, il a appelé celle de devant qui s'est mise à courir par le flanc le long du chemin, de l'autre côté, et s'est couchée à hauteur du groupe le plus avancé. La distance pour le tir était à peu près de 160 mètres, — aussi a-t-on tiré lentement seulement, c'est-à-dire en faisant attention aux moments où l'ennemi, d'abord abrité, se découvrait un peu, et en lâchant alors rapidement le coup.

Les deux sections du soutien ont dû ensuite se former par groupes par le flanc, sur les deux côtés du chemin, et se mettre à genou.

Retraite du sous-officier B et enlèvement de la position.

Le sous-officier B a donné, à ce moment, l'ordre de se mettre en retraite, file par file. Malgré ses efforts pour faire ce mouvement sans être vu, on a pu s'en apercevoir, et un sous-officier a crié au lieutenant N : « L'ennemi se retire! » — Aussitôt ce dernier a ordonné : « A l'assaut! — Marche, marche! » La lisière a été promptement prise, le soutien a suivi au pas de course. L'assaut a été également donné, au même moment, du côté de la chaussée.

Le détachement du sous-officier B a couru rapidement en arrière, la retraite file par file étant alors devenue impraticable; mais, lorsqu'il a été arrivé au milieu d'un taillis élevé, je lui ai crié : « Lentement en arrière! attendu que c'était justement le cas de mettre en pratique ce qu'on avait déjà appris de la *retraite lente*; c'est-à-dire que chaque homme, après s'être arrêté un instant derrière un arbre pour faire feu, a dû courir rapidement derrière l'arbre favorable le plus rapproché, et ainsi de suite.

Les quatre hommes de l'aile gauche se sont d'euxmêmes mis en communication avec les autres. Le sousofficier leur a prescrit d'occuper rapidement en dehors du bois un four abandonné, près de X; c'était un point favorable pour défendre, jusqu'à ce que le reste des hommes eût pu se retirer plus loin, le chemin d'Arnoldshöhe, sur lequel il fallait continuer la retraite, les champs étant cultivés à droite et à gauche.

Ce chemin formant comme un long défilé, et offrant d'abord, à environ 120 mètres du bois, une petite élévation de terrain qui pouvait servir d'abri à un détachement en retraite, il était nécessaire, aussitôt le bois abandonné, de renoncer à battre lentement en retraite, et de courir promptement en arrière jusque derrière cette élévation; les quatre hommes, quelque favorable que fût leur position en arrière du four, devaient également y suivre les autres. Le sous-officier B a donc commandé avec beaucoup d'à-propos, dès que le chemin a été atteint: « Marche, marche!... Jusque derrière « la hauteur! »

Poursuite.

Dans l'intervalle, le lieutenant N avait suivi en toute hâte, dans l'intention de remplir le plus vite possible sa mission, qui consistait à s'avancer jusqu'à la hauteur d'Arnoldshöhe.

Quatre de ses groupes déployés se tenaient réunis près du four et contre la lisière du bois, dans le voisinage du chemin, sur les deux côtés (là aussi se trouvait en effet la section détachée d'Alteburg qui avait pris part à l'assaut et s'était avancée à travers le bois, à hauteur des autres groupes). Derrière l'aile droite, *une* section suivait à rangs serrés ; derrière l'aile gauche, *trois* sections. Dès la lisière, le lieutenant N a fait faire une conversion à gauche à ces dernières, pour envoyer encore une salve à l'ennemi en retraite, avant qu'il n'eût trouvé abri derrière l'élévation. J'ai laissé faire, — quoique, contre un aussi faible détachement, ce fût dépenser plus de cartouches qu'il n'était nécessaire.

Mais quand le lieutenant N a voulu faire continuer la poursuite aux quatre groupes déployés qui venaient de se réunir sur le chemin, je l'en ai empêché, attendu qu'il m'a paru plus utile, dans l'intérêt de l'exercice, de faire considérer le chemin comme un vrai défilé.

Préliminaires de l'attaque contre la hauteur d'Arnoldshöhe.

Tout d'abord, l'ennemi ayant de lui-même continué sa retraite vers Arnoldshöhe, deux groupes seulement ont dû le poursuivre immédiatement, et, afin qu'ils pussent encore tirer de leur feu tout l'effet possible, il leur a fallu chercher à gagner rapidement l'élévation de terrain abandonnée par l'ennemi.

Pour ne pas se confondre en courant, chacun de ces groupes est resté par le flanc sur un des côtés du chemin, prêt à se former en ligne dès que le terrain le permettrait.

Avec les hommes les plus adroits du soutien qui, pendant ce temps, s'était formé à couvert, on a constitué alors une patrouille latérale de droite et une de gauche, et ces deux patrouilles ont dû chercher, par les sillons et à travers champs, à s'avancer assez loin pour pouvoir reconnaître si, derrière la hauteur d'Arnoldshöhe, il se trouvait encore des détachements ennemis massés.

Le soutien ne devait s'avancer pour attaquer la hauteur que s'il était reconnu qu'il n'y avait pas là de fortes subdivisions ennemies ; et, par le fait, on devait exécuter cette attaque en renforçant progressivement les tirailleurs, et en les faisant porter en avant par bonds successifs.

Ayant fait prendre ces dispositions par le lieutenant N, j'ai galopé jusque sur la hauteur.

Mesures prises par le défenseur.

En chemin, j'ai déjà pu voir que le sergent A faisait occuper une tranchée-abri par une section. Dans cette occurrence, s'il avait fait ramper les hommes pour aller prendre position, on n'aurait pu rien voir, et il eût été impossible à l'assaillant de savoir la force de son détachement ; — c'est là un avantage que le défenseur ne doit jamais perdre de vue, parce qu'il met ainsi de son côté de plus grandes chances de succès. De plus, j'ai vu que le sous-officier B, arrivé près de la hauteur, voulait se porter directement vers la position ; mais, au moyen d'un signe fait à temps, le sergent A lui a indiqué qu'il devait faire le tour pour s'y réunir au soutien.

De la sorte, le sergent A avait encore trois sections massées en soutien, et était à même, s'il les employait à propos dans une situation aussi favorable, de repousser un détachement au moins de force double ; il n'était possible, en effet, de s'approcher jusqu'à 240 mètres environ de la position, que par un seul chemin ; et, à partir de là, si d'une part l'assaillant pouvait déployer des forces plus considérables, et même trouver quelques petits abris dans sa marche en avant, d'autre part il lui était impossible d'escalader la hauteur même autrement que par un assaut tout à fait à découvert.

Ayant posé au sergent quelques questions comme celles-ci : « Quand il renforcerait ses tirailleurs?... Quand « il avait l'intention d'employer son dernier soutien ? », je me suis convaincu qu'il ne s'était pas encore fait une idée bien nette de la manière dont il pouvait mettre complétement à profit les avantages de sa position, et j'ai appelé son attention sur les recommandations suivantes :

1° Avertir les chefs de groupes que, — l'ennemi étant visiblement de force double tout au plus, en supposant qu'il parvînt à se déployer en entier, — il fallait le laisser s'approcher tranquillement jusqu'à 300 pas, *sans tirer*, afin de le surprendre alors, *avant qu'il n'eût trouvé des abris, par un feu de rang subit et efficace.*

Mais aussitôt l'ennemi *couché* derrière un abri, et se préparant à tirer, *aucun coup* ne devait plus être envoyé aux tirailleurs *abrités* ; c'était le moyen de les attirer plus près encore pour les surprendre de nouveau par un feu inattendu et bien ajusté. *Au point de vue moral*, ce genre de feu produit déjà plus d'effet qu'un feu continué *sans interruption*, et on amène ainsi finalement l'assaillant à craindre de quitter une fois de plus son abri, parce qu'il est certain d'être alors immédiatement couvert de projectiles. En outre, pendant qu'il ne tire pas, le défenseur peut se tenir tellement à l'abri que l'assaillant ne peut que lui faire peu de mal par son tir.

2° Un groupe devait être tout de suite posté, *sans être vu*, de manière à pouvoir battre efficacement le *chemin*, avec la consigne de diriger exclusivement son feu sur les renforts ou les soutiens se portant en avant, à peu près à partir de 320 mètres, et sur les soutiens massés à partir de 480 mètres.

3° Le *soutien* avait à se tenir couché et à l'abri tout près en arrière des tirailleurs, afin de pouvoir être employé sans retard au moment opportun.

4° Par mesure de sûreté contre la patrouille latérale de droite ennemie, qui s'était déjà peu à peu rapprochée des pentes douces de la hauteur en courant d'abri en abri, une file devait être installée à couvert, avec l'ordre de faire feu sur cette patrouille, mais seulement à bonne portée. Quant à l'autre patrouille, il ne paraissait pas nécessaire de prendre des mesures de sûreté particulières contre elle.

En conséquence, le groupe déjà posté a été averti qu'il n'avait pas à faire feu sur les tirailleurs ennemis avant qu'ils ne voulussent attaquer la hauteur de front en débouchant du chemin; — et c'était le chef de groupe qui devait alors faire les commandements pour commencer et pour cesser le feu.

Un second groupe s'est ensuite jeté, sans être vu, dans la tranchée-abri de l'aile droite, d'où le chemin, jusqu'à 480 mètres environ, pouvait être battu presque dans toute sa longueur.

Le soutien est resté en arrière, entièrement à l'abri, mais assez près pour pouvoir, au besoin, prendre part au feu, rien qu'en se levant.

Commencement de l'attaque et conduite du défenseur en face de cette attaque.

Les deux groupes de devant de l'assaillant, ne recevant pas de coups de fusil, s'étaient dans l'intervalle formés en ligne à droite et à gauche du chemin, et s'étaient d'abord couchés derrière de petits abris: mais comme, dans cette position, ils ne pouvaient ni tirer efficacement eux-mêmes, ni être atteints par les coups de l'ennemi, ils ont continué à s'avancer vers la hauteur.

En ce moment, des coups de feu sont partis soudainement, et quoiqu'il ne fût question que d'un exercice de paix, on a vu l'effet moral produit, car les hommes se sont aussitôt jetés à plat ventre sur le sol uni; le groupe de l'aile gauche, sur l'ordre de son chef, a couru promptement derrière une petite élévation de terrain située en avant à gauche. Par contre, il n'est resté au groupe de droite qu'à ramper un peu en arrière jusqu'à un sillon profond qui, du moins, offrait une espèce d'abri.

Le lieutenant N avait suivi avec le soutien massé en arrière à 300 pas, et avait en même temps essuyé le feu du deuxième groupe. Aussi a-t-il fait immédiatement coucher son monde, puis il a envoyé deux groupes par le flanc en avant, à droite et à gauche du chemin, pour renforcer l'aile gauche. Il s'est avancé de sa personne avec ces groupes qui, pendant leur marche en avant, auraient été continuellement couverts de projectiles. Mais aussitôt qu'à l'aile gauche ils se sont jetés derrière un petit abri, le feu de la défense s'est tu subitement, et on n'a plus rien vu du défenseur.

Pour s'en rapprocher, il y avait encore presque 300 pas à parcourir.

La patrouille latérale de gauche a fait annoncer que derrière la hauteur on n'apercevait rien de l'ennemi; celle de droite avait déjà, par bonds successifs, atteint, suivant une pente douce, presque la moitié de la hauteur; mais là, elle a reçu à l'improviste des coups de feu et a dû se replier promptement.

Le lieutenant N a reconnu qu'une attaque aurait peu de chances de succès, mais il a voulu au moins tenter quelque chose. Il a fait par conséquent signe au soutien de s'approcher au pas de course. Le chef de ce soutien a formé les demi-pelotons par le flanc avec beaucoup d'intelligence, et s'est avancé avec eux au pas de course.

Naturellement il a été tout le temps couvert de feux, mais comme ces feux forçaient le défenseur à se montrer davantage, ce dernier s'est ainsi exposé lui-même à un feu plus violent de la part des tirailleurs de l'attaque.

Dès que le soutien a été à 50 pas environ de ses tirailleurs, le lieutenant N a crié au groupe de l'aile droite : « Qu'on reste couché et qu'on ouvre le feu rapide ! », et aux autres : « Debout ! — Marche, marche ! »

Le défenseur, qui dans l'intervalle avait disposé son soutien de telle sorte que les hommes n'eussent besoin que de se mettre à genou pour pouvoir tirer, a reçu cet assaut par un feu rapide. En face d'un pareil feu, et en raison de la charge imposée à l'homme par le poids du sac, la distance à parcourir par l'assaillant était encore trop considérable pour pouvoir être franchie tout d'une traite, — et l'assaut s'étant arrêté de lui-même, j'ai dû déclarer que je le considérais comme repoussé. Le soutien qui, sur l'ordre de son chef, venait de se former en ligne, était déjà hors d'haleine, — bien certainement moins à cause du mouvement mécanique de la course *elle-même*, que par suite de l'état de surexcitation des hommes pendant cette course, état qui, dans les exercices de paix surtout, conduit à une détente de forces très-prématurée.

Le lieutenant N a ordonné au soutien de se jeter immédiatement derrière la position que les tirailleurs venaient d'occuper, et de couvrir la retraite.

Puis il a crié aux tirailleurs : « Lentement en re- « traite ! »

Retraite de l'assaillant après l'attaque repoussée.

J'ai complétement approuvé cet ordre, attendu que si, au commandement de « Vite en arrière ! » les hommes s'étaient tous ensemble portés en arrière jusqu'au chemin, ils se seraient groupés là en un ramassis sans ordre, de sorte que dans un combat réel les pertes auraient été ainsi beaucoup plus grandes qu'avec une retraite en bon ordre, à rangs ouverts, les rangs faisant feu alternativement.

La retraite sur le chemin devait ensuite s'effectuer successivement et en ordre, attendu que, dans les circonstances présentes, l'adversaire ne pouvait pas songer à poursuivre.

Mais je n'ai pas été satisfait de la *manière* dont on a exécuté l'ordre. Aussi ai-je fait sonner : « Halte! » et rassembler tous les chefs de groupes au centre, pour leur apprendre comment on devait procéder en pareille circonstance.

Théorie sur la manière d'exécuter cette retraite.

A cause du défilé immédiatement placé sur les derrières, comme rien n'aurait été plus dangereux que de courir tout le monde à la fois jusqu'au défilé, il fallait, vu le manque de toute espèce d'abris dans la zone dangereuse du feu ennemi, chercher à diminuer les effets de ce feu ; dans ce but, ceux qui, pendant la retraite, faisaient face à l'ennemi pour tirer, devaient se mettre rapidement à genou ou se coucher, puis, aussitôt le coup parti, se relever promptement et courir droit en arrière 40 ou 50 pas (derrière les tirailleurs couchés les plus rapprochés), et alors faire de nouveau demi-tour, et se coucher bien vite pour charger. Ils étaient ainsi prêts à tirer quand les tirailleurs de devant passaient à leur tour à côté d'eux pour se porter en arrière. Avec

quelque habitude, cette façon d'agir ne présente aucune difficulté dans le combat réel en terrain tout à fait
découvert, surtout si, comme c'était le cas ici, on a déjà
posté sur les ailes des fractions de troupes qui, par leur
tir, atténuent l'efficacité du feu ennemi.

Afin d'y habituer davantage les hommes pour l'avenir,
j'ai prescrit que, à l'exercice de compagnie, la *retraite
lente* serait dorénavant exécutée sur la place d'exercices comme il venait d'être dit, à moins que d'autres
ordres n'eussent été expressément donnés (« groupe
par groupe », par exemple). Il me semble, en effet, de
la dernière importance que les mouvements des tirailleurs sur la place d'exercices se rapprochent le plus
possible de la conduite qu'ils doivent tenir en terrain
découvert.

Après avoir tout de suite fait exécuter par un groupe
le mouvement en question, j'ai encore dit au lieutenant
N qu'il devait effectuer sa retraite à travers le défilé,
successivement groupe par groupe et au pas de course.
pour atténuer ici encore les effets probables du feu, —
manœuvre qui ne peut naturellement se faire en ordre
que si l'ennemi ne poursuit pas. Ensuite, j'ai fait continuer l'exercice, en repartant du moment où les tirailleurs avaient reçu l'ordre : « *Lentement en retraite!* »

Exécution de la retraite.

On a alors manœuvré assez habilement jusqu'à la
limite du champ, où le lieutenant N a fait faire front à
tout le monde et a ensuite commandé : « En retraite
« groupe par groupe sur le chemin, au pas de course,

« en commençant par l'aile droite ! » Chaque groupe a successivement fait par le flanc gauche, a couru en arrière le long des tirailleurs et a regagné le chemin, où la tête a conversé à gauche ; puis chacun a continué encore le pas de course pendant 100 pas environ, et a pris ensuite le pas accéléré jusqu'au moment où, sur l'indication donnée au passage par le lieutenant N, chaque groupe a dû faire demi-tour, à couvert, derrière la petite hauteur. Le lieutenant N est resté d'abord près du peloton de soutien, et lorsque tous les groupes de tirailleurs ont eu fini de passer devant lui, il a ordonné au chef de ce peloton de suivre aussi groupe par groupe, comme arrière-garde, mais de faire prendre position aux premiers groupes derrière l'élévation, pour recueillir les derniers.

Puis il est allé à l'autre peloton qui s'était reformé pendant ce temps-là et l'a fait replier vers le bois. A ce moment, j'ai fait sonner « *l'assemblée* », et tout le monde s'est réuni près du bois.

Comme il était trop tard pour faire encore établir, ainsi que j'en avais eu l'idée au commencement, des grand'gardes par le détachement en retraite, j'ai seulement examiné avec les chefs de groupes ce qu'il y aurait à faire à cet effet : Un demi-peloton aurait dû être laissé en arrière au bois pour couvrir le détachement ; un peloton aurait été envoyé à Alteburg pour s'établir en grand'garde à la lisière de Bayenthal ; l'autre demi-peloton en grand'garde sur la chaussée. Le demi-peloton laissé en arrière se serait ensuite également replié sur la chaussée, et se serait placé comme soutien de la grand'garde qui y aurait été établie.

J'ai encore fait avancer les chefs de patrouilles, et je leur ai posé la question suivante : « Comment devra se « conduire une *patrouille rampante* qui, après l'éva- « cuation du bois par le demi-peloton, serait envoyée « d'Arnoldshöhe vers le bois, pour chercher à voir où « l'ennemi s'est retiré ? De quelle manière les trois hom- « mes doivent-ils traverser le bois ?.. »

On m'a répondu : « De manière à ne pas être vus, « deux en avant et un derrière le centre ! »

— « Au milieu du bois ? », ai-je demandé.

— « Non ! Un d'eux ira le long de la lisière. »

— « Mais comment ?.. Si, dans l'intervalle, une pa- « trouille ennemie peut s'approcher de l'autre côté du « bois sans être vue, — n'y a-t-il pas à craindre d'être « coupé ? »

— « Non ! car la patrouille ennemie courrait aussi « le risque d'être prise facilement. »

— « C'est juste !.. mais, pour un bois aussi petit, le « plus sage est toujours de *ne pas* traverser au milieu; « il vaut mieux faire marcher un homme le long d'une « lisière, et deux le long de l'autre, afin qu'ils puissent « en même temps voir autour d'eux des deux côtés. »

« En supposant qu'ils ne puissent pas ainsi avoir « constamment l'*œil* l'un sur l'autre, ils se retrouve- « ront toujours à la lisière opposée, et, au pis-aller, « ils pourront s'avertir mutuellement par un coup de « feu comme signal.

« La lisière opposée une fois atteinte, chacun de-
« vra, en s'abritant de son côté, regarder partout aux
« environs, puis les hommes se rassembleront à cou-
« vert, se communiqueront leurs observations, et se
« concerteront sur ce qui reste à faire. »

Me réservant de faire pratiquer ce genre d'exercice
un autre jour, si c'était possible, je me suis mis en
marche avec la compagnie par Alteburg et Marienburg,
pour faire parcourir ce terrain au peloton du sergent A,
qui avait été peu activement employé ce jour-là, et
je l'y ai exercé à s'avancer par bonds successifs, en
mettant à profit les accidents de terrain, contre une
position supposée.

J'ai aussi fait exécuter au sergent A, en admettant
une attaque réussie, la poursuite de l'ennemi supposé,
pour habituer de plus en plus les chefs de groupes à
prendre des résolutions bien nettes et à donner des
ordres précis, ainsi que pour exercer les hommes à
exécuter ces ordres avec calme et sans confusion.

QUATRIÈME EXERCICE

Le ... juin, dans la matinée. (Voir fig. 4.) — C'était aujourd'hui jour de travail. J'en ai profité pour entreprendre un exercice spécial de patrouilles avec les sous-officiers disponibles, les *Gefreite* et les hommes désignés pour être dressés à ce service. Avec ce petit détachement, je me suis avancé de Dünnwald jusque dans le bois, par la maison Hahn, le long du chemin de Schnelleweide, et j'ai fait former les faisceaux en A. En route, pour voir comment les hommes savaient s'orienter, j'ai fait observer tous les petits chemins latéraux, et j'ai demandé où ils pouvaient conduire. J'ai également demandé les noms des localités qui se trouvaient en vue, et, quand l'occasion s'en est présentée, j'ai fait indiquer comment on pouvait, en se faisant voir le moins possible, parvenir à tel ou tel point de l'horizon.

J'ai cherché de cette façon à habituer les hommes à acquérir un certain coup d'œil militaire qui les rende aptes à juger du terrain.

Mon intention était de parcourir d'abord les exercices spéciaux suivants :

1° *Faire approcher à pas de loup d'un poste ennemi ou d'une patrouille ennemie, une patrouille rampante;*

2° *Faire passer furtivement une patrouille rampante*

près d'un poste ou près d'une patrouille ennemie de pied ferme ;

3° Conduite d'une patrouille postée de pied ferme en avant de la ligne des sentinelles ;

4° Retraite d'une patrouille rampante devant une patrouille ennemie.

Par les éclaircies qui se présentaient, par les inégalités du sol et par ses alternatives de taillis et de broussailles plus ou moins épaisses, le terrain offrait l'occasion de pratiquer tous ces genres d'exercices sur un espace assez restreint pour que la conduite de chaque homme isolé pût être contrôlée.

1° Approche d'un poste ennemi par une patrouille rampante.

J'ai d'abord fait porter, à l'exception de deux hommes, tout le monde en avant, le long du chemin de Schnelleweide, assez loin pour qu'on soit hors de portée de la vue, et je suis resté avec les deux hommes en arrière, pour les placer en double sentinelle près du chemin, le plus à couvert possible.

L'escarpement du talus offrait une occasion favorable pour les disposer de telle sorte que, tout en n'ayant par le fait le bois qu'à 100 mètres en avant d'eux, d'autre part ils pouvaient, grâce au chemin, ainsi qu'aux éclaircies de droite et de gauche, parfaitement voir et même s'embusquer passablement à l'abri dans une rigole du talus. Je leur ai fait « reposer les armes », je leur ai permis de se coucher dès qu'ils apercevraient quelque chose de suspect, et je les ai avertis qu'ils auraient à tirer un coup de feu dès qu'une patrouille ennemie s'approcherait d'eux,

vers la lisière du bois, assez près pour être facilement tou-
chée. Ils ne devaient faire aucune attention aux hommes
qui les regarderaient en spectateurs. Puis je me suis
promptement porté au détachement, et je lui ai fait
faire front vers Dünnwald, à l'abri et près du chemin.

J'ai alors dit à trois hommes bien exercés que j'ad-
mettais qu'ils étaient envoyés de Schnelleweide dans la
direction de la maison Hahn, comme patrouille rampante.

Je leur ai aussi indiqué moi-même comment ils devaient s'avancer à peu près jusqu'au point désigné : Un
homme marchant sur le côté droit du chemin, de
façon à voir dans le bois par-dessus l'élévation qui se
trouve à droite ; le deuxième homme à la même hauteur sur le côté gauche du chemin, l'homme de communication à peu près à 50 mètres derrière, également à droite du chemin, de manière à pouvoir observer
aussi à droite, où les inégalités du terrain ne permettaient pas de voir aussi bien les environs, et en même
temps de façon à pouvoir découvrir le chemin.   ·

J'ai appelé ensuite l'attention de tout le monde sur
ce fait, qu'en principe les patrouilles rampantes devaient,
en terrain difficile à observer, prendre *un chemin* comme
ligne de direction, et qu'un homme au moins ne devait
jamais perdre ce chemin de vue, tout en évitant, autant
que possible, de se faire voir de loin.

De plus, j'ai montré que, le bois devenant de plus en
plus clair à gauche du chemin, l'homme de ce côté aurait bientôt été aperçu de loin ; par conséquent, le chef

de patrouille devait lui faire signe de passer sur le côté droit, d'autant plus que, de là, on pouvait aussi bien voir au loin à gauche.

Le chef de patrouille a donc sifflé doucement et a fait signe à l'homme de gauche de traverser le chemin. Cet homme, se baissant, a couru de l'autre côté vers le chef de patrouille, qui lui a dit tout bas de s'avancer avec précaution le long du chemin. Ce chef de patrouille s'est porté lui-même plus à droite, mais de telle façon que tous les deux pussent se voir. J'ai alors fait avancer un peu plus vivement les hommes qui regardaient, le long du côté gauche, et je leur ai recommandé de faire attention à la conduite qu'allait tenir la patrouille.

J'ai laissé faire cette dernière, et pourtant je voyais bien qu'elle ne s'approchait pas avec assez de circonspection de la lisière du bois, car j'ai vu la double senti-nelle se coucher entièrement, et enlever soign..s..ent sa coiffure ; ce qui me prouvait qu'on av... ..rçu quelque chose de la patrouille.

Celle-ci, il est vrai, a semblé aussi remarquer la double sentinelle, mais elle a malgré cela continué à s'avancer vers la lisière, en se baissant néanmoins tout à fait. Du double poste, un coup de feu est alors parti, à 100 mètres environ, dirigé contre la patrouille qui s'est arrêtée et couchée immédiatement.

J'ai rassemblé tout le monde près de la patrouille de l'autre côté du chemin, et j'ai fait aussi rapprocher la double sentinelle pour faire la critique.

J'ai ordonné à la patrouille de reculer jusqu'au point

d'où elle avait pour la première fois remarqué le poste.
Et j'ai dit : « Pour s'approcher, en rampant, d'un poste
« ennemi, il suffit de s'avancer assez pour être sûr de
« sa présence. Mais si le chef de patrouille croit pou-
« voir découvrir quelque chose de plus au sujet de la
« position ennemie en se glissant encore plus près, il
« fait signe aux deux autres hommes de s'arrêter et
« s'avance *tout seul* en rampant et en se faisant voir le
« moins possible. »

Puis j'ai envoyé deux autres hommes à la place de la
double sentinelle, avec l'ordre de tirer dès qu'ils verraient autre chose que la tête d'un homme de la patrouille s'avançant vers eux. Enfin, j'ai fait relever la
patrouille et j'ai prescrit d'agir d'après les instructions
que je venais de donner.

L'homme qui se trouvait sur le chemin a pu, le premier,
voir le double poste ; par suite, il a dû alors tout de
suite siffler doucement à droite vers le chef de patrouille
qui se trouvait de ce côté, et le prévenir à voix basse :
« Une double sentinelle ennemie ! »

Il s'était prudemment jeté à terre, de telle sorte qu'il
ne voyait que droit devant lui par-dessus l'élévation du
terrain.

Le chef de patrouille, de son côté, a fait signe à cet
homme de rester en arrière ; et, ne pouvant pas assez
voir du point où il était, il s'est glissé assez près de la
lisière, jusqu'à ce que l'éclaircie lui permît d'observer
non-seulement en avant, mais aussi à droite et à
gauche, de telle sorte qu'il aurait pu voir également

les sentinelles qui auraient été placées à la lisière opposée.

Aucun coup de feu ne partant, il a admis qu'il n'avait pas été aperçu pendant qu'il se glissait en avant et pendant qu'il observait.

J'ai encore à ce sujet fait remarquer que, pendant ce temps, le devoir des autres hommes était de tirer sans retard si un danger quelconque venait à menacer le chef, de façon qu'il pût battre rapidement en retraite.

Et j'ai commandé de tirer ainsi un coup de fusil comme signal, dans l'hypothèse qu'une patrouille ennemie s'approchait, venant de gauche.

Dès le coup parti, le chef de patrouille s'est retiré aussi à couvert que possible, mais rapidement, sur la patrouille, et on lui a dit tout bas : « Une patrouille « ennemie vient de gauche ! »

J'ai indiqué en outre comment la patrouille s'y serait prise pour disparaître devant la patrouille ennemie supposée, et pour se retirer sur la grand'garde.

Elle aurait dû se replier à droite dans le bois, jusqu'au moment où l'on n'aurait plus pu la voir, puis franchir promptement un certain espace de terrain et se rapprocher de nouveau du chemin avec précaution, pour observer si la patrouille ennemie avait continué sa marche, et enfin se porter en arrière le long du chemin jusqu'à la grand'garde, pour annoncer l'approche de cette patrouille. C'eût été une faute que de s'occuper plus longtemps de la patrouille ennemie, parce qu'on aurait ainsi retardé d'autant l'arrivée de l'avis à la grand'garde. Je devais plus tard faire exécuter pratiquement quelque chose de semblable.

2° Passage d'une patrouille rampante à côté d'une patrouille ennemie de pied ferme.

Les détachés sont rentrés dans le rang. Une nouvelle patrouille a été formée et envoyée en arrière dans la direction de Schnelleweide, avec l'ordre de faire front en dehors de la vue de l'ennemi, et d'attendre mes instructions. Dès son départ, j'ai désigné trois hommes pour reculer dans la direction de la maison Hahn ; de là, ces trois hommes devaient revenir en avant, en formant une patrouille qui aurait pour mission de s'établir de pied ferme à la clairière, afin d'observer le chemin de Schnelleweide.

Je me suis ensuite rendu à la première patrouille, et lui ai ordonné de s'avancer en patrouille rampante, et de chercher à se glisser en avant assez loin pour réussir, si c'était possible, à jeter un coup d'œil jusqu'à la maison Hahn. On savait d'ailleurs que le chemin de Schnelleweide était observé par l'ennemi.

Le chef de patrouille a compris ce que je voulais, et s'est dirigé tout de suite à gauche dans la direction de la pointe du bois vers B, en disant au deuxième homme de rester à sa droite, de façon à pouvoir observer le chemin à travers le bois ; le troisième homme devait suivre le second à distance.

Les trois hommes se sont avancés vivement jusque dans le voisinage de la lisière, admettant avec raison qu'il n'y avait aucun avantage à ramper dans cette partie du bois, qui consistait presque entièrement en taillis, attendu qu'un homme baissé s'avançant lentement peut être vu d'aussi loin qu'un homme marchant rapidement.

Je suis revenu au détachement, et j'ai vu que, dans l'intervalle, la patrouille de pied ferme s'était établie en A, qu'un homme se tenait couché à la place même où le double poste se trouvait auparavant, et que les deux autres hommes au contraire étaient postés à la lisière, de l'autre côté du chemin, derrière les arbres. Ces derniers ont été assez attentifs pour apercevoir la patrouille ennemie dans le voisinage de B, lorsqu'elle s'est approchée de la lisière. Ils sont restés immobiles ; aussi la patrouille ennemie, qui avait évidemment remarqué ces trois hommes, a-t-elle pris position à couvert.

Mais au bout d'un instant, les trois hommes qui la composaient ont couru à travers l'étroite éclaircie, jusque dans le bosquet qui se trouvait en face. J'ai galopé jusque-là, et je les ai fait revenir à leur place, en leur disant que s'ils voulaient essayer de poursuivre leur mission plus loin, il leur fallait laisser en arrière *un* homme à la lisière de ce côté, pour lâcher immédiatement un coup de fusil, au cas où la patrouille ennemie voudrait se porter sans être vue sur le flanc de leur marche en avant.

Les deux hommes se portant en avant devaient d'ailleurs traverser le bois aussi vite que possible, et, dans le cas où ils se verraient réellement coupés d'un côté, s'écarter rapidement du côté opposé. S'ils entendaient un coup de feu de signal, ils devaient renoncer à poursuivre l'exécution de leur mission.

Une fois ces instructions données, l'opération a été continuée. La patrouille de pied ferme a tout d'abord paru irrésolue sur ce qu'elle avait à faire, lorsqu'elle a vu deux hommes courir de nouveau pour traverser le bois. Mais elle s'est bientôt décidée à tenter de forcer ces deux hommes à se retirer, en essayant de les couper.

Le troisième, resté en arrière en face de B, a tiré alors son coup de feu comme signal; et aussitôt ceux qui s'étaient portés en avant se sont repliés rapidement jusqu'à la lisière extérieure.

J'ai fait observer à tous les hommes qu'en pareil cas la mission indiquée ne serait pas exécutable, et qu'elle devrait être retardée jusqu'à la nuit, où il ne serait pas difficile de se glisser à côté d'une patrouille ennemie, et même de se défiler dans le bois si l'on venait à être découvert.

3° Conduite d'une patrouille postée en avant de la ligne
des sentinelles.

Chacun ayant repris sa place, je me suis occupé de la conduite à tenir par la patrouille de pied ferme.

J'ai tout d'abord appelé l'attention sur le but qu'on se proposait avec une semblable patrouille sur le terrain en question, la conduite à tenir devant se déduire uniquement du but.

J'ai montré comment, sur un pareil terrain, les grand'-gardes ne pouvaient pas se couvrir suffisamment par *des sentinelles*; en effet quand même des doubles postes auraient été établis tout le long de la lisière, ils n'auraient pu, suivant toute apparence, remarquer l'approche de l'ennemi que trop tard, et la grand'garde n'aurait pas eu le temps de prendre une position avantageuse sur cette même lisière pour soutenir les sentinelles menacées. Et puis, des doubles postes trop nombreux ne conviennent qu'à de fortes grand'gardes. Une faible grand'garde devait se contenter d'occuper la maison Hahn, d'établir en avant une double sentinelle à la croisée des chemins, en C, et d'envoyer une patrouille de pied ferme de trois à quatre hommes, qui aurait été relevée toutes les deux ou trois heures :

1° *Pour se couvrir contre une surprise ennemie;*

2° *Pour repousser les patrouilles ennemies.*

La position A était le *point d'observation le plus important.*

Par conséquent, *un homme* de la patrouille devait y rester constamment de pied ferme pour observer le chemin et l'éclaircie qui se trouve des deux côtés.

Quant aux deux autres hommes, ils devaient patrouiller le long de la lisière jusqu'au chemin, vers B, et un homme devait spécialement s'assurer en cet endroit qu'aucun ennemi ne s'avançait sur ce chemin, qui vient également de Schnelleweide.

La patrouille précédente avait donc commis une faute en faisant rester dès le commencement ses trois hommes de pied ferme en A, puis en leur faisant quitter tous à la fois le point A pour couper la patrouille ennemie. Deux hommes auraient suffi pour atteindre ce but.

Afin de rendre tout de suite la chose sensible, j'ai disposé de nouveau la patrouille A, j'ai fait rester un homme seul sur la hauteur, d'où il pouvait découvrir au plus loin, et j'ai fait voir aux deux autres (tout en ayant pris avec moi le détachement entier) comment ils devaient se mouvoir en dedans de la lisière, — à une allure dégagée, mais le regard toujours dirigé sur le taillis situé en face, — et comment, une fois en B, un homme devait se porter en avant, aussi loin qu'il était nécessaire pour découvrir le mieux possible le chemin qui, de là, conduisait à Schnelleweide.

Si la patrouille de pied ferme s'était composée de quatre hommes, elle aurait dû laisser continuellement un homme sur ce point important, les deux autres patrouillant le long et en arrière de la lisière, de B vers A.

A l'apparition d'une patrouille ennemie, on devait se tenir à couvert en face de cette patrouille, pour l'engager à s'approcher davantage, et la couper, si c'était possible. Mais à la vue d'un détachement ennemi marchant en avant, on devait le signaler aussitôt à la grand'-garde par plusieurs coups de feu; il fallait également envoyer dire à cette grand'garde, aussi exactement que possible, la force et la direction de la marche de l'ennemi. Après avoir fait feu pour avertir, le reste des hommes devait encore demeurer de pied ferme pour observer la conduite de l'ennemi; mais, dans le cas d'une attaque, on devait se retirer promptement vers une des ailes de la position de la grand'garde.

J'ai fait tout de suite exécuter ce dernier mouvement en admettant que, de B, on avait remarqué un détachement ennemi. Je me suis fait transmettre la nouvelle, après que les deux hommes ont eu, de leur position à couvert, lâché leur coup de fusil, et j'ai admis alors que le détachement ennemi se déployait dans la direction de A ; aussitôt la patrouille s'est promptement rassemblée vers A ; là, elle a dû tirer encore quelques coups de feu, pour signaler ainsi à la grand'garde la direction de l'attaque ennemie, et se retirer ensuite à la hâte.

Puis j'ai fait rentrer la patrouille, et, pour la seconde partie de l'exercice, j'ai formé deux nouvelles patrouilles de trois hommes.

k° Retraite d'une patrouille rampante devant une patrouille ennemie.

J'ai envoyé l'une d'elles en arrière dans la direction de Schnelleweide jusqu'en dehors de la sphère d'observation, et j'ai ordonné à la patrouille n° 2 de reculer d'abord jusqu'en C, puis de s'avancer, du double poste supposé en cet endroit, comme *patrouille rampante*, pour reconnaître la position vers Schnelleweide. J'ai fait demeurer le reste des hommes en A, et, me transportant à la première patrouille, je lui ai donné la consigne de s'avancer de son côté comme patrouille rampante pour reconnaître la position des avant-postes dans la direction de Dünnwald.

Les trois hommes (patrouille n° 1) ont tout d'abord agi comme je l'avais indiqué dans le premier exercice, et quand j'ai vu qu'ils avaient bien compris, je suis revenu vers A, et j'ai fait avancer le détachement sur la hauteur pour lui faire observer le mieux possible la conduite des deux patrouilles.

La patrouille n° 2 était déjà arrivée dans le voisinage de A ; un homme a été envoyé sur ce point, tandis que les deux autres restaient tout d'abord arrêtés à la lisière, à peu près à l'endroit où la patrouille de pied ferme s'était aussi arrêtée auparavant.

En ce moment, les deux patrouilles se sont aperçues à la fois, et ont pris position aussi à l'abri que possible ; on a vu qu'elles étaient toutes les deux indécises sur ce qu'elles devaient faire pour remplir la mission qui leur avait été confiée.

La patrouille n° 1 a, la première, pris une résolution, — ce qui était du reste tout naturel en pareil cas, attendu que la patrouille n° 2, qui était rapprochée de sa propre grand'garde, devait commencer par empêcher la patrouille n° 1 de s'avancer plus loin, et avait par suite à régler sa conduite sur celle de l'ennemi.

On a vu la patrouille n° 1, à la faveur des broussailles épaisses et des inégalités du terrain, disparaître tout à coup.

Dans la patrouille n° 2, le chef a couru alors en avant jusqu'à la lisière opposée, pour voir si, de là, on pouvait encore découvrir quelque chose de la patrouille n° 1.

N'ayant rien vu, il a fait signe aux autres hommes de se diriger à droite, préférant sortir tout à fait du chemin de la patrouille ennemie, et prendre le chemin suivant à droite à travers le taillis.

Après avoir ainsi parcouru un certain espace sur le côté, on a vu un homme de la patrouille n° 1 revenir prudemment près du chemin, regarder dans la direction où se trouvait auparavant la patrouille n° 2, et faire alors signe aux autres d'avancer. Toute la patrouille s'est rapprochée de la lisière, un homme restant en arrière pour observer et couvrir la retraite, pendant que les deux autres couraient à travers la clairière, afin de reconnaître le terrain plus au loin dans la direction de la maison Hahn.

J'ai fait alors sonner l'*assemblée*, et je me suis déclaré satisfait de la manière dont les patrouilles venaient de manœuvrer. Pourtant, la patrouille n° 1 aurait pu se replier tout à fait à droite, pour aller plus loin reconnaître la position des avant-postes ennemis le long du ruisseau de Mut, terrain particulièrement favorable par lui-même pour la marche rampante d'une patrouille, à cause des épaisses broussailles qui se trouvent le long du ruisseau.

Vu l'heure avancée, j'ai dû mettre fin à l'exercice.

CINQUIÈME EXERCICE

SERVICE D'AVANT-POSTES ET COMBAT DE DÉFILÉ

(Voir *fig. 4.*)

ORDRE POUR LE PELOTON DE TIRAILLEURS. — *Le .....
juin, dans la matinée. — Un détachement s'avançant de Gladbach vers Mühlheim sur la chaussée, a
envoyé des avant-postes jusqu'à la hauteur de Schnelleweide, pendant qu'il bivouaque dans un bois près
de la maison de la chaussée. (Ch. II., Chaussee-Haus.)*

Le peloton de tirailleurs reçoit l'ordre de s'établir
près de Thurn comme grand'garde de l'aile gauche, d'occuper le passage qui s'y trouve, et de patrouiller vers
Iddesfeld et Mielenforst. L'ennemi est attendu de Deutz.

Tenue : Le bonnet, l'équipement de campagne, et
5 cartouches.

Aucune patrouille ne doit être envoyée avant huit
heures.

ORDRE POUR LE 1ᵉʳ ET LE 2ᵉ PELOTON. — *Un détachement de Deutz a poussé ses avant-postes jusque
sur le terroir de Merheim, Schlagbaum, et jusqu'à la
maison Herl (H. Herl).*

*A 8 heures et demie, on doit faire une reconnais-
sance offensive contre les défilés du ruisseau de Strunder, vers Schweinheim, Iddesfeld et Thurn, les patrouilles envoyées jusque-là sur ces points s'étant partout
heurtées aux patrouilles ennemies.*

Le 1er et le 2e peloton qui forment l'aile droite des avant-postes près de Merheim, doivent, sous la conduite du lieutenant N, s'avancer jusqu'à Thurn en passant par Mielenforst, comme détachement latéral de droite.

A 8 heures, les avant-postes sont à Merheim. Aucune patrouille ne doit être détachée avant huit heures. A 8 heures et demie précises, le détachement se porte en avant.

Tenue : Le casque, l'équipement de campagne, 5 cartouches.

A chaque détachement se trouvait un clairon avec un drapeau.

Position à Merheim.

A huit heures, j'étais à Merheim. Le lieutenant N m'a remis tout de suite son rapport avec croquis au crayon, m'indiquant les dispositions qu'avait prises cet officier.

Il avait placé le sous-officier B et neuf hommes comme troupe de patrouilleurs à la maison d'école, avec une simple sentinelle devant les armes. Une patrouille s'était portée, de là, directement sur Thurn. Le reste du 1er peloton se tenait à couvert comme grand'garde à la lisière Est de Merheim, avec double poste au pont.

Cette grand'garde avait envoyé, par Mielenforst, sur Thurn, une patrouille qui devait revenir par le même chemin.

Le 2e peloton s'était établi comme soutien à Merheim, la sentinelle devant les armes placée de manière à voir une grande partie du terrain vers Iddesfeld.

Le lieutenant N avait l'intention d'exécuter sa marche en avant, de telle sorte que la grand'garde se dirigeât sur Thurn, par Mielenforst, à travers le petit bois A, comme avant-garde, tandis que la troupe de patrouilleurs devait s'avancer par le plus court chemin vers le défilé, pour maintenir les communications avec les autres détachements (supposés). Le 2ᵉ peloton, qui suivait tout d'abord l'avant-garde, devait, suivant les circonstances, soutenir soit cette avant-garde, soit la troupe des patrouilleurs en cas d'attaque.

Conduite des patrouilles.

Je me suis alors transporté par le plus court chemin à Thurn. En route, j'ai trouvé la patrouille du sous-officier B postée à couvert en face du bois, attendu qu'à la lisière, on apercevait un homme de l'ennemi. Le chef avait bien cherché à se glisser le plus près possible de cet homme, mais ce dernier étant resté tranquillement debout, la patrouille amenée à supposer qu'il y avait d'autres forces en cet endroit, n'a pas osé de son côté tenter une attaque.

En ce moment, j'ai vu aussi deux hommes de l'ennemi se retirer rapidement de Mielenforst sur la lisière du bois A, et là prendre position à couvert. La patrouille envoyée de Merheim s'est montrée à Mielenforst, d'où elle observait à l'abri, et n'a pas osé non plus franchir le terrain libre en avant d'elle pour aller plus loin. — De jour, en effet, des patrouilles rampantes d'infanterie doivent rarement voir de l'ennemi autre chose qu'une sentinelle ou une patrouille, en supposant que les patrouilles ennemies s'acquittent convenablement de leur mission.

Position à Thurn.

En continuant à avancer, j'ai trouvé en D, comme je m'y étais attendu, une troupe de patrouilleurs détachée qui, en plus du factionnaire devant les armes, avait encore six hommes couchés près des faisceaux formés dans un enfoncement. De cette troupe, une patrouille de trois hommes avait été envoyée vers Mielenforst, une autre de deux hommes vers Iddesfeld, avec l'ordre de se retirer sur la lisière du bois devant l'approche de l'ennemi, et d'y rester en observation jusqu'à ce qu'elle soit relevée ou jusqu'à ce qu'elle soit repoussée par l'ennemi.

C'étaient les deux hommes que j'avais précédemment remarqués.

Cette manière inaccoutumée de détacher une troupe de patrouilleurs immédiatement en avant du défilé, avait sa raison d'être dans les conditions particulières du terrain. Du défilé même, on pouvait à peine voir à 160 mètres devant soi. Il était donc nécessaire *d'obser-ver* constamment en avant, et c'était possible *au moyen d'une troupe de patrouilleurs* avec moins d'hommes qu'il n'en aurait fallu pour une grand'garde, d'autant plus qu'il ne pouvait pas être question de *défendre* ce terrain situé en avant.

Aussi le sous-officier avait-il l'ordre de se retirer sur le défilé, sans être vu autant que possible, si l'ennemi attaquait en forces.

Là, juste en avant du pont même, des buissons se prolongeaient le long du chemin jusqu'à 160 mètres environ de la position de la troupe de patrouilleurs. Au bout de ces buissons, près du chemin, se tenait le double poste de la grand'garde qui était elle-même établie au pont. Ce n'était pas le pont, mais ces buissons qui devaient former la première position de défense, — et c'était là un désavantage que le défenseur ne pouvait éviter, attendu que du pont il avait un champ de tir restreint. L'assaillant, en revanche, ne pouvait, après avoir repoussé la troupe de patrouilleurs, s'avancer *que par le chemin* contre les buissons et vers le pont, les champs étant cultivés des deux côtés.

Le chef de peloton, sergent A, s'est annoncé à moi quand je suis arrivé près du double poste. Il m'a remis également le rapport écrit sur sa position; il y avait aussi indiqué par quelques traits de crayon le terrain et la disposition de son peloton. J'ai vu par ce croquis qu'un poste de sous-officier détaché, de six hommes, était encore établi à la lisière vers Schweinheim, pour établir les communications avec la grand'garde supposée à Schnelleweide. Peut-être aurait-il suffi à cet endroit d'une double sentinelle, qui aurait été relevée par la grand'garde.

En interrogeant le double poste sur la position de l'ennemi, sur sa propre position, et sur les localités environnantes, j'ai trouvé les hommes bien renseignés; le sergent A avait aussi donné à son détachement des indications exactes sur la position de défense et sur l'éloignement des points les plus importants en avant de cette position; il avait dit en outre à ses hommes qu'en cas d'opérations réelles, on devrait encore faire des tranchées-abris près des buissons et près du pont. A ce moment est arrivé un homme qui apportait des nouvelles.

De la troupe des patrouilleurs : — « Un détache- « ment ennemi, de 2 pelotons environ, est en marche, « venant de Mielenforst. Une forte patrouille s'avance « dans la direction d'Iddesfeld. »

J'ai demandé : « Les patrouilles se tiennent-elles encore à la lisière du bois? »

— « Il leur est ordonné, m'a-t-on dit, de ne se retirer « que devant une attaque! »

J'ai félicité le sergent A des instructions précises qu'il avait données si à propos.

Puis je me suis porté sur la hauteur, derrière laquelle était placée la troupe de patrouilleurs, et d'où je pouvais aussi bien observer le chemin de Mielenforst que celui d'Iddesfeld, afin de voir comment allaient se conduire les patrouilles et la troupe des patrouilleurs.

Le chef de cette dernière troupe a fait prendre les armes et s'est installé à couvert, une file un peu à droite, de manière à pouvoir bien battre le chemin d'Iddesfeld, les deux autres files tout contre le chemin de Mielenforst pour couvrir de feux ce chemin et la lisière du bois. Le sous-officier a encore une fois rappelé à ses hommes la distance qui les séparait de la lisière.

En cet instant, on a entendu à droite et à gauche des

coups de feu venant des patrouilles qui s'étaient portées en avant, — c'était une preuve que l'ennemi s'avançait pour attaquer le bois. J'ai galopé rapidement, en
traversant ce bois, jusqu'à la lisière opposée, et j'y ai
rencontré la patrouille battant déjà rapidement en
retraite.

Marche en avant du lieutenant N.

J'ai vu l'avant-garde du lieutenant N s'élancer en
ordre déployé contre la lisière alors abandonnée; à
une distance convenable, le soutien la suivait en ordre
serré, à une allure rapide. Vers Iddesfeld, j'ai également vu la patrouille de sous-officier s'avancer en courant, déployée en groupes de tirailleurs, contre la lisière
de ce côté.

Le lieutenant N se tenait près des tirailleurs, et les a
fait arrêter, dès que la lisière a été atteinte. Puis il a
commandé au groupe qui se trouvait à droite du chemin, et au second groupe qui se trouvait à gauche, de
pénétrer dans le bois jusqu'à la lisière opposée; le soutien devait suivre à gauche, près du chemin. Lui-même,
l'officier, est resté à gauche avec le groupe de devant.
Dès que ses tirailleurs ont paru à la lisière de l'autre
côté, ils ont reçu des coups de feu et ont pris position
à couvert. Après avoir jeté un coup d'œil rapide sur le
terrain, le lieutenant N a commandé : « A 160 mètres,
« feu lent! »

Ayant remarqué que quelques tirailleurs ne faisaient
pas attention à se bien couvrir, je leur ai crié : « Abri-
« tez-vous pour charger! » et j'ai eu la satisfaction de

voir que cet avertissement suffisait pour rappeler aux hommes ce qui leur avait été enseigné à propos du combat.

J'ai vu aussi chaque homme de la troupe des patrouilleurs, après avoir tiré, se baisser rapidement pour charger, de façon à ne plus être vu, et ensuite relever la tête avec précaution pour saisir l'occasion de lâcher son coup de fusil avantageusement. Je me suis ensuite transporté à la troupe des patrouilleurs, et j'ai demandé au sous-officier s'il comptait rester de pied ferme.

Retraite de la troupe des patrouilleurs.

« Non! m'a-t-il répondu, je dois me retirer! » — « Tout le monde à la fois? » — « Non! file par file! » — « Par quelle aile? » — « Par l'aile droite! » — « Bien, afin que l'aile gauche puisse tirer jusqu'à la fin « pour couvrir la retraite, mais chaque file, avant de « se porter en arrière, doit *faire feu*, se baisser ensuite « comme pour charger, afin de tromper l'ennemi, — « puis s'éloigner à la hâte! »

Le sous-officier a commandé à demi-voix : « Vite « en arrière, file par file, en commençant par l'aile « droite! »

La première file a exécuté son mouvement de telle sorte que l'ennemi pouvait la voir, — aussi l'ai-je fait revenir et lui ai-je ordonné : « En arrière tout à fait à « couvert! » — Cette fois elle a très-bien opéré, et le sous-officier lui a crié pendant la retraite : « Prenez position « aux buissons! »

Les files se sont promptement suivies l'une derrière

l'autre, ce qui est précisément indispensable en face d'un ennemi supérieur.

La retraite a tout d'abord été remarquée par le détachement du sous-officier B qui s'était avancé sur le chemin d'Iddesfeld; car, de ce point, la file de l'aile gauche pouvait découvrir une partie du chemin vers les buissons, et elle a crié aussitôt au sous-officier : « L'ennemi « se retire! » Le sous-officier s'en est rapidement assuré par lui-même, et a commandé : « Marche, marche! » et on a couru en avant jusqu'à l'aile droite de la position ennemie déjà évacuée. Les files de l'aile gauche de la défense se sont portées alors en arrière toutes ensemble, au commandement.

Occupation de la position abandonnée.

Le lieutenant N a commandé aussi : « Marche, mar- « che! » et les deux groupes ont couru jusqu'à la position abandonnée par l'ennemi; mais là, ils ont dû se jeter de nouveau à terre, parce que, des buissons, on tirait sur eux.

Le sergent A avait en effet, dès le commencement du feu, posté un groupe près de ces buissons pour recueillir la troupe des patrouilleurs. Par contre, il avait envoyé en arrière les premières files de cette troupe qui avaient battu en retraite, pour en former un soutien sur lequel toute la troupe s'est ensuite rassemblée à couvert. J'en ai conclu qu'il avait l'intention, très-bonne du reste, de soutenir la *défense principale* derrière le ruisseau et près des fermes voisines du pont, bien qu'en cet endroit son champ de tir fût limité par les buissons et par quelques petites bâtisses situées sur l'autre bord du cours d'eau.

La situation n'offrait donc pas *tous* les avantages d'une bonne position *en arrière* d'un défilé, mais elle offrait du moins celui de permettre une retraite assurée, ce qui avait son importance à cause du faible effectif du détachement.

J'ai continué à me porter en avant, et j'ai fait reculer le clairon dans Thurn jusqu'au coude le plus rapproché, avec l'ordre de déployer le drapeau et de s'avancer, *dès que le sergent A se serait replié jusque-là.* Il devait marquer un renfort qui, dans ce moment, aurait été envoyé de la chaussée au sergent A.

J'ai encore demandé au sergent à quel instant il aurait dû envoyer à son commandant d'avant-postes la nouvelle de l'attaque? — Il m'a répondu très à propos : « Au premier avis que la patrouille a donné de l'ap-« proche des deux pelotons ennemis. »

Il aurait en effet été trop tard si le sergent avait voulu attendre, pour avertir, l'attaque réelle de l'ennemi. Dès que le combat *a commencé,* de pareils avis peuvent être oubliés, — et même, dans un semblable moment il est à peine possible d'envoyer un rapport *par écrit.*

Attaque et défense du défilé.

Je me suis de nouveau rendu près du lieutenant N, dont trois groupes, toujours postés près des pentes de la hauteur, continuaient à tirer contre les buissons, tandis que le soutien se tenait à la lisière du bois. Je lui ai

demandé quelles étaient ses intentions. — « Donner
« l'assaut aux buissons avec deux groupes! » a-t-il répondu. Et aussitôt il a commandé : « Le groupe de
« l'aile gauche, restez couché et exécutez le feu ra-
« pide!... les deux groupes de droite à l'assaut! »

Les chefs de groupe ont commandé : « Baïonnette
« au canon! — Debout! Marche, marche!... Hurrah!.... »
— Comme on ne pouvait s'avancer que sur le chemin, les hommes ont formé un ramassis sans ordre
jusqu'aux buissons. Là, il est vrai, le groupe des défenseurs s'est retiré, mais l'assaillant s'est trouvé aussitôt sous le feu des hommes postés près du défilé. Aussi
ai-je fait arrêter, et ai-je déclaré l'assaut repoussé.

L'attaque est repoussée.

Les groupes d'attaque ont dû se replier rapidement
sur la hauteur, où le soutien avait pris position dans
l'intervalle (il s'y était porté de lui-même en toute hâte
pendant l'assaut), et ils se sont reformés immédiatement
derrière ce soutien.

La raison qui, à mon avis, aurait fait repousser l'assaut dans un combat réel, était celle-ci : les forces en-
gagées par l'adversaire, tout en étant assez nombreuses
pour culbuter le groupe le plus rapproché, n'avaient
pas d'avance pris leurs précautions pour recevoir des
renforts aussitôt l'entrée en ligne du soutien ennemi.

Cette précaution *ne doit jamais être négligée dans
une attaque*, et c'est *une faute* de la part d'a chef
d'ordonner une attaque, sans avoir *d'avance* pris ses
dispositions à cet égard. *La pratique* et *le talent*

doivent familiariser les chefs avec cette mesure de précaution.

Il n'y avait que deux moyens de procurer à l'attaque plus de chances de succès :

1° Occuper, à droite en avant, le petit bosquet E, de la lisière duquel on pouvait couvrir le défilé même d'un feu efficace ;

2° Faire suivre l'assaut des tirailleurs, à courte distance, par un soutien s'avançant sur le chemin ; les groupes de ce soutien, marchant par le flanc à droite et à gauche, auraient attaqué le défilé tambour battant, en même temps que les tirailleurs, ou bien (si l'on trouvait le feu ennemi encore trop efficace) on aurait pu leur faire fournir des feux contre le défilé en les maintenant couchés dans la position conquise.

Quoique les effets du feu ne puissent pas s'évaluer en temps de paix, il y a cependant des indices d'après lesquels on peut voir, même dans un *exercice*, si l'exécution d'une attaque aurait, dans la réalité, été suivie de succès, oui ou non.

Ces indices sont les suivants : 1° si l'on voit que l'attaque devient *molle*, parce que l'espace à franchir rapidement sous le feu ennemi est trop étendu, l'attaque est *manquée* ; 2° si l'assaillant a su se ménager une certaine supériorité sur l'ennemi en conservant des troupes fraîches, soit massées, soit en tirailleurs, prêtes à aller résolûment de l'avant ; si, de cette façon, l'ennemi, *moralement* influencé, en arrive à un feu *précipité* et par suite *inefficace* ; si enfin, dans ce cas, le défenseur n'a plus de soutien à rangs serrés à opposer à l'assaillant; l'attaque peut être regardée comme *ayant réussi*; 3° le même résultat se produit lorsque les groupes de la défense, portés en avant, masquent en partie, dans leur retraite, le feu du reste des défenseurs; alors, l'assaillant n'a besoin que de suivre ces groupes sans s'arrêter, pour faire tourner entièrement à son profit la position désavantageuse de la défense.

La position actuelle pouvait être considérée comme répondant aux deux dernières hypothèses.

Il s'agissait seulement de savoir si l'attaque n'aurait pas été épuisée avant d'arriver, attendu qu'elle avait à parcourir un espace de plus de 240 mètres, — ce qui est trop pour une troupe peu exercée, avec l'équipement complet, — ou bien on aurait dû commencer au pas *accéléré*, et ne faire franchir que les derniers 60 ou 80 mètres à l'allure de : « Marche, marche! »

Ces réflexions, qui doivent précéder toute attaque bien engagée, surtout si les circonstances sont difficiles, paraissent plus compliquées qu'elles ne le sont réellement.

Il est vrai qu'il faut au chef quelque habitude *pratique* pour deviner, d'un coup d'œil rapide, comment il peut mettre de son côté les chances de succès, et pour donner, en conséquence, ses ordres *sans retard*, de telle sorte que chaque gradé, chaque subordonné, si c'est possible, *sente* aussitôt comme lui où est le point important, et qu'il en résulte pour tous une *impulsion* répondant exactement aux besoins du moment.

La pratique *seule* développe le talent; — aussi m'a-t-il paru opportun de profiter de cette occasion pour essayer de faire agir toutes ensemble, avec quelques complications, les différentes fractions du détachement, et de ne pas me contenter de faire tout simplement renouveler l'attaque avec des renforts.

J'ai donc commandé au lieutenant N :

1° De faire déposer les sacs;

2° De jeter un groupe, file par file, à la lisière du bois (parce que ce mouvement devait se faire sous le feu ennemi);

3° De laisser en arrière, à gauche, un groupe pour tirer contre les buissons, tandis que le reste, avec deux groupes en tirailleurs et, tout près derrière, deux groupes de soutien par le flanc, recommencerait l'attaque contre ces buissons et contre le défilé aussitôt après, si c'était possible. Le groupe laissé en arrière devait suivre dès qu'il ne pourrait plus tirer.

Renouvellement de l'attaque.

Le lieutenant N a donné ses ordres en conséquence. L'occupation du petit bois, file par file, a permis de disposer de quelques instants pour donner aux chefs de groupes les instructions suivantes pour l'attaque :

« Les groupes de devant, gagnez par une course ra-
« pide les buissons de gauche, et, de cette position,
« faites un feu nourri; les groupes de soutien, suivez
« au pas accéléré jusqu'aux buissons, puis on comman-
« dera : « Marche, marche! » ou bien : « Couchez-

« vous! — On ne fera que le simulacre de charger et
« de tirer. »

L'exécution a complétement répondu à ce que j'en
attendais. Le groupe avancé de la défense a, cette fois,
abandonné plus tôt sa position, mais il n'avait pas
encore tout à fait atteint le défilé que le soutien de
l'attaque était déjà aux buissons.

Le lieutenant N, qui a aussitôt compris que le moment était favorable pour lui, a commandé immédiatement : « Marche, marche ! » et tout le monde, au
cri de « Hurrah ! » s'est précipité impétueusement contre
le défilé.

Comme des deux côtés on devait seulement faire le
simulacre du feu, on n'a pas pu reconnaître si le défenseur serait arrivé à tirer plus d'une fois.

Chacun a dû cependant sentir combien la retraite
précipitée d'un groupe devant l'attaque énergique de
l'assaillant devait avoir une influence désavantageuse
sur le défenseur.

L'effet moral de l'attaque a encore été augmenté par
ce fait, qu'en même temps, de son propre mouvement,
le chef de groupe dans le bois E s'était porté en avant
jusqu'au ruisseau, contre le flanc ennemi.

Je me suis par conséquent prononcé en faveur de
l'assaillant, mais j'ai ordonné à la défense de battre
tranquillement en retraite.

La retraite s'est opérée comme je l'avais dit ; le sergent A gagnant rapidement une ferme en arrière et
l'occupant, tandis qu'en même temps une ferme située

en face était occupée par le sous-officier détaché, qui arrivait dans ce moment avec six hommes.

Le lieutenant N a disposé promptement son détachement de façon à occuper avec deux groupes les fermes à droite et à gauche du défilé ; le reste était rassemblé à l'abri, comme soutien, près de la route.

A cet instant, j'ai fait avancer le clairon avec le drapeau jusqu'au détachement du sergent A, qui, de son côté, s'est alors porté en avant pour attaquer. Mais le soutien du lieutenant N s'étant formé très-vite de manière à envoyer des salves, et le soutien ennemi (supposé) ne pouvant s'avancer que par la rue étroite, j'ai considéré la contre-attaque de la défense comme repoussée ; seulement, j'ai admis qu'on pouvait tenir bon dans la position occupée, le clairon se plaçant à couvert derrière une ferme.

Puis j'ai dit au sergent A que son flanc droit était menacé par un ennemi venant de Schweinheim. Il a fait aussitôt reculer le clairon sans qu'on pût le voir, a prescrit au groupe qui avait occupé une ferme de suivre comme arrière-garde, et a donné aux autres, à demi-voix, l'ordre de battre en retraite en se défilant.

A cause de la position favorable du groupe d'arrière-garde, on a bien pu voir quelques tirailleurs ennemis battre en retraite, mais le lieutenant N a cru que le sergent A ne voulait que former un soutien, et il a pris ses dispositions pour poursuivre avec deux groupes seulement quand l'arrière-garde commencerait aussi sa retraite. Cette retraite s'est effectuée en bon ordre, et il en a été de même de la poursuite de ferme en ferme. Pourtant, comme cela ne donnait qu'une image à moitié exacte de la vraie guerre, puisqu'aucune ferme ne devait être réellement occupée, j'ai mis fin à l'exercice, et j'ai fait rassembler tout le monde sur l'emplacement où les sacs étaient restés sous la garde d'un homme.

SIXIÈME EXERCICE

EXERCICES D'AVANT-POSTES ET DE COMBAT,
UNE COMPAGNIE CONTRE L'AUTRE

(On avait préalablement appris aux hommes la manière de reconnaître étant en sentinelles.)

Le.... juin après-midi (voir *fig.* 4).

Déjà le chef de bataillon se proposait de faire exécuter à bref délai des manœuvres par les diverses compagnies, l'une contre l'autre. La période des exercices de détail et de l'instruction préparatoire était donc en quelque sorte terminée ; tout au plus m'était-il possible de revenir encore sur ces détails en entreprenant, dans le voisinage de la caserne, des exercices comme ceux que j'avais fait faire dans les premiers jours de mai.

Je ne m'étais pas trompé dans mes calculs sur l'emploi du temps assez limité dont je pouvais disposer ; par le fait, je n'étais parvenu qu'à exercer ma compagnie à prendre diverses positions d'avant-postes et à exécuter quelques exercices de combat ; la discipline et l'attention dans le combat s'étaient, il est vrai, assez affermies pour que, dans les circonstances ordinaires, on fût arrivé à comprendre rapidement et à agir avec un ensemble et un calme suffisants ; mais je ne savais pas encore, d'une manière bien certaine, si, dans des circonstances quelque peu imprévues, la fougue et l'étourderie ne remplaceraient pas la présence d'esprit et la réflexion, et si, dans une opération entreprise de concert avec de grands détachements, chacun n'oublierait pas peu à peu les détails pratiqués avec tant de soin. J'étais notamment convaincu que les gradés en sous-ordre n'avaient pas encore suffisamment l'habitude de contrôler sans relâche ces détails dans leurs subdivisions ; et je me promettais, pour l'année suivante, de commencer par les perfectionner dans ce genre d'exercices.

Je regrettais vivement que l'école de natation eût distrait du service, une couple de fois, quelques-uns des hommes destinés à être dressés au service des patrouilles ; néanmoins, j'espérais pouvoir compléter l'instruction sous ce rapport après les manœuvres, en demandant davantage aux chefs de patrouilles dans de petits exercices pratiques dirigés par les officiers et les sous-officiers de la compagnie ; et même je comptais pouvoir, dans les beaux jours d'hiver, au lieu de théories dans les chambres, faire des exercices de patrouilles sur le terrain.

Pour me préparer aux exercices de combat de plusieurs compagnies l'une contre l'autre, il me fallait d'autre part m'entendre avec une compagnie voisine, et préparer avec elle un exercice d'avant-postes qui durât jusqu'à la nuit, afin d'exercer pratiquement les hommes à agir dans l'obscurité, et de les habituer à des terrains de plus grande étendue.

En outre, j'avais encore à exercer *la compagnie tout*

entière à remplir une mission de combat déterminée; j'avais bien exécuté de pareils exercices au mois de mai avec un adversaire supposé ou marqué ; mais j'étais obligé de les recommencer encore une fois en terrain coupé, pour habituer ma troupe à une action d'ensemble, soit dans des exercices proprement dits sur le terrain, soit dans des manœuvres concertées avec une autre compagnie.

Pour l'exercice d'avant-postes à exécuter en commun, nous étions convenus des dispositions suivantes :

Instructions pour les détachements du nord et du sud.

DÉTACHEMENT DU NORD (ma compagnie). — *On bivouaque près de Dünnwald : les avant-postes sont principalement établis vers le sud, parce qu'on veut le lendemain matin marcher sur Schnelleweide.*

DÉTACHEMENT DU SUD. — *Ce détachement fourrage à Merheim, à Schweinheim et dans les fermes environnantes, en prenant ses mesures de sécurité du côté de Dünnwald.*

Le choix de la position des avant-postes était laissé à chaque chef de compagnie, de sorte qu'aucun des deux ne savait d'avance ce que l'autre devait faire. De même, on était convenu seulement d'une manière générale que, des deux côtés, la position des avant-postes pourrait être changée, que chacun resterait libre de diriger comme il l'entendait ses patrouilles, ses reconnaissances et ses attaques contre les avant-postes de l'adversaire, mais que tout serait terminé au plus tard à minuit. — Départ à deux heures et demie.

Marche en avant jusqu'à la position des avant-postes à Dünnwald.

A quatre heures de l'après-midi, je partais du bivouac supposé au nord de Dünnvald, pour me porter en avant, avec ma compagnie, le peloton de tirailleurs en avant-garde (*Vortrupp*) (1).

Cette avant-garde avait l'ordre de s'avancer avec sa pointe, par le plus court chemin, vers le moulin de Dünnwald, où l'on voulait établir la grand'garde.

Un sous-officier avec une section devait traverser Dünnwald, en flanqueurs de droite, jusqu'à la lisière opposée, et s'établir à cette lisière comme troupe de patrouilleurs, avec une patrouille fixe dans le petit bois voisin de la maison Hahn (en A).

Mon intention était d'employer tout d'abord au service d'avant-postes le moins de monde possible, afin d'avoir à tout instant .. `v pelotons complets disponibles pour une plus forte reconnaissance.

Le chef de l'avant-garde avait donné à la pointe l'ordre de ne s'avancer sur le chemin de Schnelleweide que jusqu'à la clairière, et d'y attendre de nouveaux ordres. Il était prescrit au sous-officier détaché A, chargé de la conduite de la section de patrouilleurs, de ne placer qu'une simple sentinelle devant les armes à la lisière, mais d'envoyer tout de suite une patrouille au delà de la maison Hahn, dans la direction de Schnelle-weide ; cette patrouille devait d'abord chercher à se relier avec la grand'garde placée à sa gauche, puis, s'é-

(1) Voir la note explicative du traducteur pour l'intelligence de tout ce qui va suivre.

tablissant en patrouille *de pied ferme*, au bord du petit bois (de A vers B), observer les deux chemins venant de Schnelleweide.

J'ai ajouté tout de suite à ces instructions que cette patrouille fixe serait relevée d'heure en heure par la troupe des patrouilleurs. Je voulais à dessein pratiquer dans cette manœuvre tout ce qui avait été précédemment exécuté à l'exercice des patrouilleurs, pour me convaincre qu'on avait exactement compris mes recommandations.

Pendant qu'on se portait en avant pour gagner le moulin, comme le terrain n'était pas tout à fait découvert à gauche, j'ai fait détacher de l'avant-garde deux coureurs vers la passerelle qui se trouvait de ce côté (en F), avec l'ordre de rester sur ce point (d'où le terrain à gauche pouvait être observé) jusqu'à ce que d'autres vinssent les remplacer.

Établissement du soutien et de la grand'garde.

Ayant arrêté le 1er et le 2e peloton au croisement des chemins (en G), je leur ai fait former les faisceaux avec une sentinelle devant les armes, et j'ai été contrôler, dans l'intervalle, la manière dont les avant-postes avaient été établis. L'avant-garde avait fait halte au moulin, et, avec une section, le commandant s'était porté dans le voisinage de la clairière pour placer les sentinelles.

La pointe a reçu de lui l'ordre de patrouiller le long de la lisière du bois à gauche jusqu'au ruisseau de Mut (vers H), de manière à pouvoir surveiller l'éclaircie et de ne revenir qu'après avoir été relevée.

J'ai approuvé cette mesure, parce qu'une patrouille fixe suffisait pour signaler à temps, sur un terrain qui ne permettait pas de voir au loin en avant de l'aile gauche, l'approche de l'ennemi au delà de la clairière, et pour faire reculer les patrouilles ennemies qui auraient pu se présenter.

Il a été ensuite placé une double sentinelle (double poste n° I) à l'endroit où la pointe s'était tenue jusqu'alors, puis le chef, convaincu que de jour cette mesure de sûreté suffisait, concurremment avec la patrouille fixe, a formé immédiatement, des hommes qui s'étaient portés en avant, deux patrouilles auxquelles il a montré le chemin que prenait la pointe, et il a décidé qu'elles formeraient les numéros 2 et 3 de la patrouille fixe, avec une mission semblable à celle dont la pointe était chargée pour le moment.

Le commandant du peloton d'avant-garde est revenu alors à la grand'garde, et a envoyé à la passerelle, au double poste de gauche, le même sous-officier qui avait accompagné le poste n° I et lui avait donné des instructions, afin qu'il donnât des instructions analogues au poste n° II ; puis il a partagé la grand'garde en groupes numérotés, après quoi la sentinelle du groupe n° I a été placée devant les armes. Un *Gefreite*, avec quatre hommes destinés à entretenir le poste n° I, a été envoyé en avant comme troupe d'examen ; le reste a formé les faisceaux au moulin, chacune des deux patrouilles les formant de son côté. Il y avait ainsi vingt-quatre hommes d'employés, dont neuf (ou 3 fois 3)

pour les n⁰ˢ 1, 2 et 3 de la patrouille fixe, douze (ou
2 fois 6) pour les deux doubles sentinelles n⁰ˢ I et II, et
3 pour la sentinelle devant les armes, et il n'en restait
plus de disponibles pour les patrouilles rampantes. Si
de semblables patrouilles fussent devenues absolument
nécessaires, ou bien on aurait réduit à quatre par
groupe le nombre des hommes destinés à relever les
sentinelles (chacun de ces hommes faisant alors trois
heures de faction au lieu de deux), ou bien la patrouille
fixe, après avoir été relevée, aurait dû être aussitôt
envoyée en avant comme patrouille rampante, à travers
le bois, jusqu'à la lisière opposée, pour circuler le long
du chemin vers Schnelleweide.

Mais comme je me proposais de faire plus tard une
grande reconnaissance, les patrouilles rampantes se
.sont pour le moment trouvées inutiles. Par suite, je me
suis borné à faire déposer les sacs, et j'ai même prescrit de faire relever (au bout d'une heure) les sentinelles
par des hommes sans sac.

Marche du soutien en avant pour la reconnaissance.

Je suis ensuite retourné au soutien, j'ai communiqué
aux hommes ce qu'ils devaient connaître de la position
(afin que chacun, dans le cas où il serait détaché, sût
d'avance à quoi s'en tenir), et j'ai ordonné à une pointe
de un *Gefreite* et cinq hommes de se porter en avant le
long du chemin vers Schnelleweide, jusqu'à ce qu'elle
se heurtât à l'ennemi; à une patrouille latérale de trois
hommes, de s'avancer à droite dans le bois en observant
les dehors de la lisière, et à une patrouille de sous-

officier de cinq hommes de couvrir le flanc gauche dans le bois, de franchir le chemin de fer à un autre passage, et d'observer du côté de Thurn.

Le reste du détachement, à rangs serrés, devait suivre de près, à partir de A, la pointe à droite le long du chemin ; et on a ordonné aux détachés de se porter promptement en avant et de repousser vivement les patrouilles ennemies qui se présenteraient.

En passant au moulin, j'ai encore dit au chef de la grand'garde qu'à mon retour je m'assurerais de la façon dont les sentinelles auraient reçu toutes les instructions nécessaires, et aussi que je m'informerais de ce qu'il avait l'intention de faire dans la prévision d'une attaque de la part de l'ennemi. — Dans leur marche rapide en avant, la pointe et les détachés se sont bientôt rencontrés, dans le voisinage du chemin de Schnelleweide, avec une patrouille ennemie qui s'est retirée à la hâte, *sans faire feu*. Mes détachés n'ayant pas été retardés dans leur marche en avant et s'étant très à propos dispensés de tirer, j'ai pu espérer surprendre complétement la ligne des sentinelles ennemies.

Surprise des sentinelles de l'adversaire, à la suite de la faute commise par la patrouille ennemie.

C'est ce qui est arrivé. J'ai fait marcher la troupe principale dans le bois, à couvert aussi longtemps que possible, de sorte que *j'ai* aperçu la ligne des sentinelles ennemies près du chemin de fer *avant qu'elles* n'eussent remarqué l'approche de ma troupe ; — c'était la conséquence de la faute commise par la patrouille ennemie qui, au lieu de tirer sans relâche pendant sa retraite, s'était contentée de se replier promptement sur la ligne des sentinelles. Bientôt quelques coups de feu sont partis de cette ligne ; mais, ayant immédiatement renforcé ma pointe par une section déployée et lancé tout le monde en avant contre le chemin de fer, j'ai atteint la voie ferrée avant que la grand'garde ennemie eût eu le temps de soutenir sa ligne de sentinelles.

J'ai tout de suite fait prendre position près du chemin de fer et ouvrir un feu rapide contre cette grand'-garde qui s'avançait sur le chemin à rangs serrés, et sur laquelle la patrouille, les sentinelles et, à ce qu'on pouvait voir, la troupe d'examen se retiraient toutes à la fois.

Le chef de la grand'garde ennemie, visiblement très-irrité contre ses détachés, a compris l'impossibilité de s'avancer sous mon feu, et il leur a en conséquence ordonné de se coucher sur la hauteur près du chemin et d'y ouvrir le feu, tandis que lui-même, se retirant avec sa grand'garde, allait prendre position plus en arrière, pour rappeler ensuite à lui ces mêmes détachés.

J'ai défendu de poursuivre au delà du chemin de fer ; mais, en ce moment, j'ai vu que la patrouille de mon sous-officier de gauche s'était déjà portée plus en avant, et qu'elle menaçait de flanc la grand'garde ennemie.

Ne voulant pas l'abandonner, j'ai dû continuer le combat ; je le pouvais du reste dans des conditions favorables. J'espérais même reconnaître ainsi tout de suite la position du repli ennemi.

J'ai donc ordonné à mon soutien de s'approcher de la hauteur, en se cachant autant que possible. Il y a réussi presque complétement en se servant des accidents du terrain. Mais j'ai vu, à cet instant, deux faibles pelotons ennemis venir de Schnelleweide pour tenter l'attaque.

Combat avec le soutien ennemi.

J'aurais pu immédiatement donner l'ordre de battre en retraite, puisque le but de la reconnaissance était atteint. J'avais reconnu la force et la position des avant-postes, j'avais vu que le repli était à Schnelleweide, et je pouvais en conclure que les défilés du ruisseau de Strunder étaient aussi occupés par l'ennemi. Quant à ce qui concernait son aile droite, je devais en tout cas être renseigné en détail par ma patrouille de sous-officier.

Je me suis pourtant décidé à attendre l'attaque ennemie, parce que ma position était favorable, qu'on ne pouvait pas voir quelle était ma force, et aussi parce que l'assaillant ne trouvait que peu d'abris pour se porter en avant, d'autant plus qu'il paraissait avoir l'intention d'exécuter une attaque à rangs serrés sur la route.

J'ai par conséquent ordonné à mon soutien de faire halte à l'abri, prêt à fournir des salves dès que le soutien ennemi se serait rapproché à 240 mètres.

Mes ordres ont été exécutés. Le soutien s'est agenouillé et est resté baissé jusqu'au commandement : *Apprêtez! — A 240 mètres! A la tête! — En joue! feu!*

— *Chargez!* — L'ennemi a bien continué son attaque
jusqu'à 100 mètres, mais il a reçu deux salves, et après
la deuxième salve un feu à volonté, de sorte qu'admettant que son attaque était repoussée, j'ai fait reposer
sur les armes. Je me suis alors porté en avant, et l'autre
chef de compagnie est convenu avec moi que l'attaque
devait être considérée comme ayant échoué ; mais nous
convînmes aussi que je n'inquiéterais pas la retraite de
sa compagnie sur Schnelleweide. Dès que cette retraite
commença, j'ai commandé tout de suite à un sous-officier de rester en arrière avec son groupe comme
arrière-garde, et aux autres de se retirer rapidement et
sans être vus. J'ai envoyé le même ordre au sous-officier
détaché (1).

Retraite volontaire, après une attaque de l'ennemi repoussée.

Dans le bois, j'ai fait rassembler tout de suite mes
hommes tout près du chemin, et j'ai fait reprendre les
rangs, autant que c'était possible sans perte de temps.

J'ai ordonné ensuite au plus ancien sous-officier de
conduire le détachement directement en arrière jusque
dans la position de la patrouille fixe (en A). Puis j'ai
galopé jusqu'à l'arrière-garde et je lui ai prescrit de se
retirer à couvert, mais sans retard, sous la protection
d'une pointe. J'ai vu en même temps que la patrouille

(1) Si l'on veut, dans un combat, se retirer volontairement, on
ne peut le faire à propos qu'après une attaque ennemie *repoussée* ;
mais alors il faut se retirer *immédiatement* après cette attaque,
afin de gagner autant d'avance que possible avant que l'ennemi
remarque le mouvement de retraite. — (*Note de l'auteur.*)

de mon sous-officier détaché s'était déjà retirée en deçà du chemin de fer, et que, par suite, l'ennemi avait déjà fait front derechef. Aussi ai-je averti les hommes désignés pour former la pointe d'arrière-garde d'observer si l'ennemi s'avançait de nouveau contre le chemin de fer au moment où ils se retireraient.

Pendant que je me portais en arrière, j'ai réfléchi que mon adversaire voudrait probablement prendre sa revanche et s'avancerait pour attaquer mes avant-postes. Il le pouvait, soit en se dirigeant vers la maison Hahn, soit en se portant contre mon aile gauche par une marche en avant le long du ruisseau de Mut; et cette dernière alternative lui offrait plus de chances de succès.

Dans l'un ou l'autre cas, vu la faiblesse de la position défensive de mes avant-postes, je n'avais le choix qu'entre deux moyens :

1° Laisser l'ennemi s'avancer jusque dans le voisinage de mes sentinelles, et le culbuter alors par une attaque de flanc exécutée vigoureusement et à l'improviste (avec tout le soutien dans le bois), ou bien :

2° L'empêcher, autant que possible, de franchir la clairière, en occupant la lisière aux points où se tenaient déjà les patrouilles fixes.

Naturellement, je ne pouvais employer ce dernier moyen qu'en disposant les détachements chargés de la défense de telle sorte qu'ils fussent tout prêts à se rapprocher du point menacé assez à temps pour l'occuper.

En raison de l'étendue de la position comparée à la force de ma compagnie, ce fractionnement de mes forces me semblait réellement peu opportun. Je m'y suis néanmoins résolu pour deux motifs :

1° Avant tout, pour exercer davantage mes hommes ;

2° Parce que mon rôle consistait à tenir l'ennemi à une grande distance du gros.

Tout en faisant ces réflexions, j'avais atteint la position de la patrouille fixe (en A), et j'ai trouvé qu'on était justement en train de la relever.

J'ai donc ordonné aux chefs des 1er et 2e pelotons de rassembler tout de suite leurs pelotons tout près de là dans le bois, de leur faire former les faisceaux et d'appeler leur attention sur la manière dont on s'y prenait pour relever cette patrouille.

Conduite à tenir pour relever la patrouille fixe en A.

Les trois hommes qui devaient la remplacer ont été tout d'abord envoyés très à propos sur le point le plus important, en A, où l'un d'entre eux devait se tenir constamment. La nouvelle sentinelle a relevé l'ancienne, tandis que les deux autres hommes restaient un peu en arrière, à couvert.

L'arrière-garde en retraite s'étant rapprochée dans ce moment, j'ai fait remarquer aux hommes que la pointe de cette arrière-garde, en se retirant, ne devait pas passer près de la patrouille fixe sans lui communiquer ce qu'elle pouvait savoir de l'ennemi.

Cette pointe m'a donc transmis l'avis suivant (de manière que la patrouille pût l'entendre en même temps

que moi) : « L'ennemi a de nouveau mis ses avant-
postes en position près du chemin de fer. »

J'ai demandé : « A-t-il envoyé une patrouille à votre
« poursuite? — Jusqu'à présent, on n'en a pas vu. »

*Établissement d'une nouvelle position de grand'gardes. Grand'garde
n° 1 ; ses petits postes et leurs instructions.*

Alors j'ai donné l'ordre suivant : « Sergent B..., avec
douze hommes du 1ᵉʳ peloton, prenez position comme
grand'garde n° 1 dans le bois, et placez deux sentinelles
doubles en A et en B pour observer les deux chemins
vers Schnelleweide. La patrouille fixe cesse de subsister
comme telle, mais elle doit s'avancer dans le bois
comme patrouille rampante jusque dans le voisinage
du chemin de fer, pour signaler à temps l'approche de
l'ennemi. »

Puis j'ai fait prescrire au sous-officier A... de ne laisser en arrière, à la lisière près de Dünnwald, qu'un
Gefreite avec trois hommes (de quoi fournir une sentinelle simple), et de se réunir tout de suite au sergent B... avec le reste de ses hommes.

En cas d'attaque de la part de l'ennemi, on devait
d'abord défendre la lisière à hauteur des sentinelles;
si la retraite devenait nécessaire, on devait se diriger
sur la maison Hahn, qu'il fallait occuper et défendre.
Dans une semblable retraite, la grand'garde pouvait
compter sur l'appui du soutien placé au moulin, et je
désignai pour cette mission spéciale le reste du 1ᵉʳ peloton, qui, provisoirement, dut reculer jusque *près du
moulin* et s'y tenir prêt à soutenir la grand'garde.

Si, à sept heures du soir, la grand'garde n'avait pas été repoussée, elle devait se retirer sur le soutien, après avoir prévenu ses deux doubles postes de se considérer, à partir de ce moment, comme patrouille fixe.

J'ai dit au sergent B... de me répéter l'ordre donné, en présence des sous-officiers, pour voir s'il m'avait compris, et je lui ai ensuite fait prendre immédiatement ses dispositions.

Grand'garde n° 2 ; ses instructions.

J'ai commandé au chef du 2e peloton, qui était le lieutenant N...: « Marchez à couvert avec votre peloton jusque derrière la position de la patrouille fixe de l'aile gauche, comme grand'garde r° 2. Remplacez en même temps la patrouille par deux doubles sentinelles, et envoyez, de là, une patrouille jusque dans le voisinage du chemin de fer pour signaler à temps l'approche de l'ennemi. En cas d'attaque, votre grand'garde devra aussi défendre la lisière ; sa retraite sera sur la passerelle (en F), dans la direction du double poste de l'aile gauche.

« Si, à sept heures, aucune attaque n'est plus à craindre, cette grand'garde se retirera à son tour sur le soutien, en laissant en arrière quatre hommes comme patrouille fixe. »

Après m'être fait également répéter cet ordre et avoir demandé par quel chemin le lieutenant N... comptait aller prendre position (en faisant un détour autour de la clairière et en passant près du poste n° I), et où il pensait placer ses doubles postes (le n° I à l'angle du bois en I, le n° II en H, près du ruisseau de Mot), je lui ai ordonné de se porter rapidement en arrière.

Le reste du premier peloton s'est d'abord réuni à lui pour rejoindre aussi à couvert que possible la grand'-garde du moulin, formée par le peloton de tirailleurs.

Je suis encore resté en arrière pour observer les dispositions prises par le sergent B...; il avait déjà donné ses instructions à la patrouille rampante et l'avait expédiée, puis il avait placé sa double sentinelle en A, comme poste n° II, et avait envoyé l'autre double sentinelle avec un *Gefreite* directement vers B ; avec le reste de ses hommes rassemblés (un homme seulement de l'ancienne patrouille fixe avait été envoyé porter l'ordre au sous-officier A...), il s'est replié dans l'intérieur du bois, jusqu'au centre environ, entre A et B, y a fait former les faisceaux dans les broussailles, et a écarté un peu la sentinelle de devant les armes, de manière qu'elle pût observer l'espace entre A et B. Derrière la double sentinelle n° II, il aurait été bon d'avoir une troupe d'examen, mais son détachement était trop faible pour la fournir.

Je l'ai dispensé du rapport écrit spécial sur sa position, mais j'ai exprimé le désir d'être promptement renseigné dès qu'il apprendrait quelque chose de nouveau au sujet de l'ennemi.

Je me suis alors porté en arrière au moulin, et j'ai, en passant, interrogé la double sentinelle sur les instructions qu'elle avait reçues. A ma grande satisfaction, elle avait déjà connaissance de la position de l'ennemi et des modifications ordonnées quant à la situation de son propre parti.

Dispositions prises au moulin.

Le chef du peloton de tirailleurs avait aussi été mis au courant de tout ce qui s'était passé par le renfort que lui avait amené le premier peloton. Il m'a remis son rapport écrit sur sa position, avec un croquis suffi-samment clair à l'appui. En même temps, il m'a rendu compte qu'en cas d'attaque de la part de l'ennemi, il s'avancerait de suite à couvert jusqu'à ses doubles sen-tinelles; le moulin devait être mis en état de défense, et déjà il avait donné ses instructions aux hommes pour l'occupation de ce moulin en cas de besoin, et leur avait fait remarquer les distances auxquelles se trouvaient les différents objets sur le terrain environnant.

J'ai approuvé ses mesures de précaution, et je lui ai dit de se considérer tout d'abord comme soutien des deux grand'gardes postées en avant. Il pouvait, dans l'intervalle, réfléchir à la position qui serait la plus favo-rable à occuper la nuit.

J'ai mis pied à terre pour attendre les événements et pour me décider également sur les dispositions à prendre pour la nuit.

La première fois qu'on a ensuite relevé les senti-nelles, je suis remonté à cheval et je me suis reporté en avant.

Patrouille ennemie repoussée par la grand'garde n° 1.

A peine arrivé à la double sentinelle, j'ai entendu à droite, devant la ligne des factionnaires, un coup de

feu dans le bois ; ce coup de feu partait évidemment
d'une patrouille en avant de moi, qui signalait ainsi
l'approche d'un détachement ennemi. Bientôt, plusieurs
autres coups se sont fait entendre. J'ai reconnu que
l'ennemi attaquait la double sentinelle établie en A.

Le poste près duquel je me trouvais m'a annoncé :
« Plusieurs coups de feu au double poste de l'aile
« gauche de la grand'garde n° 1. »

J'ai envoyé tout de suite porter en arrière l'ordre de
faire avancer le soutien. Le chef du peloton de tirailleurs était déjà en route avec ce soutien lorsqu'il a rencontré l'homme qui portait cet ordre. Je l'ai d'abord fait
arrêter à l'abri.

Dans l'intervalle, le feu était devenu plus vif ; on
pouvait clairement reconnaître que l'ennemi n'approchait pas davantage.

Un instant après, on entendait seulement encore
quelques coups, puis le feu a cessé complétement. Il
s'était écoulé peu de temps, lorsqu'un homme du sergent B... a apporté le rapport écrit suivant :

« N° 1.

> « *Grand'garde n° 1.*
> « Six heures trente minutes du soir.

« Une patrouille de reconnaissance ennemie, de
douze hommes environ, a attaqué la double sentinelle
n° II et a été repoussée par ma grand'garde. Une
patrouille poursuit l'ennemi.

> « *B..., sergent.* »

Ce résultat m'a prouvé que j'avais eu raison d'envoyer en avant les deux grand'gardes ; autrement, cette patrouille ennemie aurait facilement pénétré jusque près de la maison Hahn, et aurait ainsi pris vue sur tout l'ensemble de ma position.

Nouvelles mesures de sûreté pour la nuit.

Mais les conditions auraient été tout autres la nuit.

Dans l'obscurité, je ne pouvais jamais compter pouvoir me défendre sur un front aussi étendu ; il ne pouvait être question alors que de se maintenir sur des *points d'appui* près des chemins principaux, c'est-à-dire : à droite, à la *maison Hahn* ; au centre, au *moulin* ; à gauche, à la *passerelle*. Pour le reste, des patrouilles circulant sur le terrain situé en avant devaient garantir notre sécurité.

J'ai alors expédié au sergent B l'ordre suivant, par écrit :

« *Moulin de Dünnwald,*
« Six heures quarante-cinq minutes du soir.

Le 1ᵉʳ peloton prendra à sept heures sa position de nuit de la manière suivante : la grand'garde (n° 1) à la maison Hahn, une double sentinelle à la lisière de Dünnwald, une double sentinelle au point où se séparent les chemins du moulin et de Schnelleweide. Une patrouille fixe de quatre hommes, comme il a été ordonné, relevée d'heure en heure, de même que les sentinelles.

« A huit heures et demie, une patrouille rampante se

portera jusqu'au chemin de fer, pour s'assurer que la position ennemie est restée la même. Mot d'ordre et de ralliement : *N... N...*

« *Note.* Au moulin : la grand'garde n° 2 (2° peloton), avec double sentinelle à la clairière et patrouille fixe dans le bois à gauche, détachera à gauche, vers la passerelle, une troupe de patrouilleurs (un sous-officier et neuf hommes) qui fouillera constamment, au moyen de patrouilles de deux hommes, le terrain à gauche jusqu'à la garde de flanc (supposée) près de la lande de Dünnwald.

« Le peloton de tirailleurs rassemblé en arrière comme soutien.

« Le détachement du 1er peloton qui est en ce moment au soutien marchera directement sur la maison Hahn, et les hommes du peloton de tirailleurs qui se trouvent encore près de la grand'garde n° 1 doivent être tous renvoyés ici. »

« *Au sergent B...* »

Pour le chef du 2e peloton, il n'était pas besoin d'un ordre écrit, puisqu'à sept heures il devait se replier sur le moulin, et là recevoir des instructions verbales.

Bien entendu, c'était seulement comme exercice de paix qu'on relevait les sentinelles d'heure en heure ; à la guerre, cette manière de faire eût été une faute, de même que c'en eût été une que de changer trois fois la position des avant-postes.

Si je n'ai pas prescrit un plus grand nombre de patrouilles rampantes, la raison en est dans ce fait que des patrouilles *fixes*, même des troupes aux aguets en avant de la ligne des sentinelles, valent mieux pour la *sûreté* proprement dite que des patrouilles rampantes, surtout si ces dernières sont poussées au loin. Quant à *l'autre* but des patrouilles rampantes, la reconnaissance de la position ennemie, on peut suffisamment satisfaire à cette exigence par l'envoi d'*une* patrouille pendant le jour, d'*une* autre patrouille à la tombée de la nuit (pour voir si l'ennemi conserve la même position, quelquefois pour surprendre le mot d'ordre et de ralliement), et d'*une troisième* patrouille au matin (afin de voir si l'ennemi fait quelques préparatifs de mouvement).

Si les avant-postes ennemis sont trop éloignés pour que des patrouilles rampantes d'infanterie puissent les atteindre, on peut d'autre part se passer de *patrouilles fixes*; et alors, le long des chemins d'approche, on doit envoyer des patrouilles rampantes toutes les deux heures (dans l'intervalle des poses de sentinelles), à un quart d'heure de chemin environ (jusqu'à des points importants désignés), et on en fait faire autant aux sentinelles relevées.

Devant des places fortes investies, les avant-postes en apprennent aussi plus long par des espions sûrs et des signaux convenus que par des patrouilles rampantes, qui souvent n'amènent que des tirailleries inutiles. On devrait éviter l'envoi de toute patrouille rampante qui n'a pas un but et une mission *bien déterminés*.

L'ordre donné aux grand'gardes de *patrouiller assi-*

dûment a surtout en vue la *sûreté proprement dite*, et doit, par suite, être exécuté en principe au moyen de patrouilles *fixes* placées aux points d'observation les plus importants en avant du front, croisements de chemins, défilés, etc., surtout si, en même temps, on peut de cette façon économiser des *sentinelles*.

A sept heures un quart environ, le 2ᵉ peloton est arrivé au moulin et a reçu l'ordre de relever le pelotonde tirailleurs, ainsi que de détacher à la passerelle unsous-officier et neuf hommes; ce sous-officier devait placer sur ce point une sentinelle devant les armes et envoyer toutes les heures une patrouille de deux hommes à gauche jusqu'au bois, où l'on supposait une sentinelle relevant d'une grand'garde placée sur le flanc du détachement dont ma compagnie faisait partie dans l'hypothèse admise.

Près du chemin, dans le bois, à peu près à 40 pas derrière la double sentinelle, on a placé de nouveau un *Gefreite* avec quatre hommes (pour entretenir cette double sentinelle) comme troupe d'examen.

Dès qu'il a été rassemblé, le peloton de tirailleurs s'est porté en arrière, en position de soutien, au carrefour G. A la tombée de la nuit, j'ai pris avec moi quelques hommes de la grand'garde pour m'assurer de la surveillance exercée et de la conduite tenue par les sentinelles et les patrouilles fixes.

1º Comment les sentinelles doivent reconnaître une patrouille
de leur propre grand'garde.

Je me suis glissé le long du chemin, dans le bois, en faisant le moins de bruit possible, vers le double poste le plus rapproché. Mais avant que je l'aie vue moi-même, une des deux sentinelles, ayant entendu un léger bruit, avait déjà crié : « Halte ! — Qui est là ? » J'ai fait répondre : « Patrouille de votre grand'garde ! » — « Un homme en avant ! — Halte ! — Le mot d'ordre ? » Puis le mot ayant été donné exactement : — « Approchez davantage ! » L'homme interpellé s'étant rapproché, il a été personnellement reconnu par la sentinelle, et, par suite, celle-ci n'a pas réclamé le mot de ralliement mais a dit : « Patrouille, passez ! » Je me suis assuré de la façon dont le poste était disposé, et j'ai trouvé les deux hommes se tenant, très-correctement, l'arme apprêtée, le regard tourné vers l'extérieur. Lorsque j'ai interrogé les sentinelles sur les instructions qu'elles avaient reçues, je les ai trouvées bien renseignées sur la position de l'ennemi et la direction des chemins, mais non sur les changements survenus dans la position de leur propre parti.

J'ai en conséquence envoyé en arrière dire au chef du 2e peloton de les mettre au courant.

J'ai demandé également si l'ordre avait été donné qu'un homme patrouillât jusqu'aux sentinelles voisines. — « Non ! » m'a-t-on répondu.

J'ai trouvé que, dans le cas présent, on avait aussi bien fait, attendu qu'en avant du front le terrain, ne permettant pas de voir au loin, était suffisamment parcouru et surveillé par les patrouilles fixes. Quand ce n'est pas absolument nécessaire, il faut éviter de faire patrouiller les sentinelles, parce qu'on retarde ainsi l'envoi des nouvelles lorsqu'il y en a à transmettre. Mais devant les places fortes, cela peut être *nécessaire* pour empêcher des espions de se glisser à travers les lignes.

2° Manière de reconnaître une patrouille qui n'a pas le mot, et conduite à tenir dans cette circonstance.

Je me suis ensuite porté avec mes hommes dans le bois à droite vers le double poste voisin. Je suis arrivé au chemin qui conduit de la maison Hahn à Schnelleweide sans être interpellé, et j'ai remarqué que l'un des hommes de ce double poste avait été envoyé en avant jusqu'à la hauteur, pour observer à la fois la clairière et le chemin, tandis que l'autre se tenait loin de là, à droite, près du chemin de traverse de Schnelleweide.

Ce dernier m'a hélé quand je me suis rapproché de lui. J'ai fait répondre : « Patrouille rentrante qui n'a pas le mot ! » — La sentinelle a dit: « Attendez jusqu'à l'arrivée de la pose ou d'une patrouille ! »

C'était très-juste. Elle ne pouvait pas conduire tout de suite à la grand'garde l'homme qui, sur son interpellation, se serait porté en avant, car alors le poste aurait été entièrement dégarni, et les deux autres hommes de ma patrouille seraient restés sans être surveillés, la deuxième sentinelle du poste étant trop éloignée. Cela prouve combien on a tort de placer les deux sentinelles d'un double poste loin l'une de l'autre, à moins que ce ne soit des deux côtés d'un chemin. S'il s'était trouvé là une troupe d'examen, à l'endroit où les chemins se rencontraient, l'homme de droite aurait été superflu et eût pu être placé tout près de celui de gauche.

Aussi ai-je envoyé en arrière au sergent B... l'ordre de détacher en avant, comme troupe d'examen, un *Gefreite* avec quatre hommes. Puis je me suis porté dans la direction de la patrouille fixe, qui m'a également reconnu d'une manière satisfaisante.

J'ai trouvé cette patrouille très-convenablement placée, un homme sur les quatre restant toujours en A, un autre en B, tandis que les deux autres patrouillaient à droite et à gauche, le long de la clairière, de manière à se rencontrer.

Comme je venais d'appuyer un peu à droite, j'ai entendu héler du côté de A. Je me suis mis aux aguets ; c'était la patrouille rampante qui se retirait et qu'on a laissé passer tout de suite.

Avis transmis par la patrouille rampante et rapport
sur sa conduite.

Je me suis dirigé vers le chef, qui m'a transmis la nouvelle suivante :

« L'ennemi ne se tient plus près du chemin de fer, et paraît même avoir abandonné Schnelleweide, attendu qu'on n'entend plus de chiens aboyer de ce côté. »

Je lui ai demandé s'il n'avait rencontré aucune patrouille ennemie. — « En avant du chemin de fer, m'a-t-il répondu, près de la route, j'ai reconnu, en m'approchant, deux hommes de l'ennemi ; de sorte que j'ai appuyé, sans être vu, à droite vers le passage du chemin de fer le plus voisin, de manière à me glisser moi-même jusque-là, tandis que les deux autres hommes restaient en arrière contre le bois. Le passage n'était pas occupé et on n'apercevait rien dans le voisinage. A Schnelleweide, tout était tranquille.

J'ai continué alors à me faufiler, avec mes deux hommes, vers la gauche cette fois, et j'ai cherché aussi à atteindre le passage de ce côté. On ne voyait plus les deux hommes de l'ennemi et le passage était également libre. Comme j'avais seulement l'ordre d'aller jusqu'au chemin de fer, je me suis immédiatement retiré. » — J'ai félicité le *Gefreite* de sa conduite circonspecte et avisée, et je l'ai renvoyé à la grand'garde en arrière.

Moi-même je me suis replié sur le moulin. Je pouvais supposer que l'ennemi avait fait reculer ses avant-postes jusqu'au ruisseau de Strunder, mais je me suis décidé à m'en assurer par une patrouille de reconnaissance spéciale.

Une attaque régulière de la position ennemie eût été inutile et inopportune, attendu qu'on ne pouvait en attendre qu'un succès passager.

Envoi d'une patrouille de reconnaissance.

J'ai donc fait sortir du peloton de tirailleurs le sous-officier C..., avec dix hommes. Je lui ai ordonné d'exécuter, en passant près de Schnelleweide, une reconnaissance dans la direction de Thurn, pour voir si, de ce côté, en face de mon aile gauche, l'ennemi avait une forte grand'garde. Il devait couvrir son flanc droit par une patrouille vers Schnelleweide, et, dans le cas où cette patrouille serait attaquée, regagner le chemin de fer par le plus court chemin.

Je lui ai encore fait remarquer que, dans le cas où la lisière de Thurn ne serait pas occupée, il aurait, tout en cherchant à s'avancer jusqu'au défilé, à se couvrir vers Iddesfeld, pour ne pas être coupé de ce côté. Il devait aussi, pour sa propre sûreté, suivre en revenant un autre chemin qu'en allant.

Le sous-officier C... s'est mis en marche, précédé de 50 pas à peu près par une pointe de deux hommes. Il n'était pas nécessaire tout d'abord de prendre d'autres mesures de sûreté. L'obscurité, une marche silencieuse et rapide, c'en est assez pour qu'un petit détachement puisse se dérober à tout ennemi qui se trouverait sur ses flancs. Au pis-aller, on évite ce dernier en se jetant rapidement de côté, et on profite des accidents de terrain favorables pour se tenir entièrement caché pendant un certain temps. Sous bois, il suffit de se coucher sans bouger pour n'être pas découvert. Par mesure de précaution, il faut seulement toujours prendre un chemin différent pour se retirer, rien que deux hommes de l'ennemi, placés en embuscade sur le même chemin, pouvant déjà causer un grand trouble, attendu qu'on ne peut savoir au juste le nombre des hommes embusqués.

Le rapport écrit que j'ai reçu plus tard sur cette reconnaissance m'annonçait ce qui suit :

« *Rapport de la patrouille de reconnaissance.*

« L'ennemi n'a, de ce côté du ruisseau de Strunder,

fait voir que des patrouilles. Une de ces patrouilles
s'est retirée sur Thurn, et, en la poursuivant, j'ai reconnu que le défilé n'était pas occupé ; mais j'ai entendu
à quelque distance en arrière l'appel d'une sentinelle.
Un détachement ennemi, s'avançant d'Iddesfeld sur
Thurn, m'a forcé à une prompte retraite. Pendant que
je me retirais, j'ai vu dans le bois une patrouille de
reconnaissance ennemie qui rentrait, mais qui, après
quelques coups de fusil, a disparu sur le côté dans le
bois. Une patrouille envoyée à sa poursuite l'a vue
plus tard se retirer à découvert dans la direction de
Thurn.

« Moulin de Dünnwald, le... juin, onze heures du
soir.

« C..., *sous-officier*. »

Le résultat de la reconnaissance était donc important,
car on pouvait en conclure que l'ennemi se tenait derrière le ruisseau de Strunder, probablement avec sa
force principale à Iddesfeld.

Une attaque avec toute ma compagnie n'aurait vraisemblablement pas produit d'autre résultat.

Aussi ne peut-on conseiller une pareille attaque dans
l'obscurité, même comme exercice de paix, que dans
le cas où il s'agit de s'emparer par surprise d'un point
important. Pour augmenter les chances de succès, un
faible détachement devrait alors, peu de temps auparavant, causer une alerte à l'ennemi, en dirigeant un feu
vif sur l'aile opposée, afin de distraire son attention et
attirer même, si c'est possible, ses renforts de ce côté,

tandis que le gros de la compagnie, dans un complet silence, sans tirer un coup de feu, s'emparerait par un assaut rapide du point à occuper, et s'y établirait aussitôt de manière à le défendre au besoin.

Détails sur la conduite de la patrouille de reconnaissance.

Ayant demandé au sous-officier C... des détails sur ce qui lui était arrivé, il m'a rapporté que, dans sa marche en avant, il était resté sur le côté gauche du chemin de Schnelleweide, afin de pouvoir plus facilement se garer d'une patrouille ennemie. Au chemin de fer, il avait recommandé à ses hommes de passer un à un, au pas de course, en se baissant, afin de ne pas être si facilement remarqués de quelque patrouille ; il avait, au delà du chemin de fer, rassemblé son détachement sur la hauteur, et avait continué à s'avancer le long des pentes, après avoir été averti par un coup de sifflet de la pointe que, de ce côté de Schnelleweide, on n'apercevait rien de l'ennemi. Il avait alors laissé en arrière, dans le fossé, près de la chaussée de Schnelleweide, trois hommes sûrs, avec l'ordre de signaler par plusieurs coups de feu l'apparition de tout détachement ennemi vers Schnelleweide, et de se retirer ensuite le long de la chaussée jusqu'au chemin de Thurn ; au contraire, devant les simples patrouilles, ces hommes devaient se tenir cachés et les laisser passer tranquillement. Ayant ensuite appuyé lui-même à gauche avec le reste de son détachement en suivant le fossé de la chaussée jusqu'au chemin de Thurn, il avait fait traverser la chaussée au pas de course, d'abord par la pointe, puis par le reste des hommes, un à un, et avait rencontré de l'autre côté la première patrouille ennemie. Celle-ci s'était promptement retirée sur Thurn après avoir tiré un coup de fusil. Le sergent C... l'avait vivement poursuivie en traversant Thurn, sans tirer, mais en se couvrant par deux hommes placés à la lisière extrême du côté d'Iddesfeld. Comme il venait de trouver le défilé inoccupé et d'entendre, à quelques centaines de pas au delà, autant qu'il en pouvait juger, l'appel d'une sentinelle, plusieurs coups de feu sur son flanc droit l'avaient averti que l'ennemi attaquait du côté d'Iddesfeld. Il s'était alors, sans retard, retiré jusque derrière la chaussée, avait promptement fait avertir la patrouille de le rejoindre en franchissant la voie ferrée ; puis, ayant rassemblé son monde derrière le chemin de fer, il avait battu en retraite à travers le bois, sous la protection d'une arrière-garde ; là, il s'était encore heurté à une reconnaissance ennemie qui rentrait, et devant laquelle il s'était tenu caché sur le côté ; il n'avait fait feu qu'en remarquant qu'elle était très-faible. Cette patrouille s'était rapidement dérobée.

J'ai donné des éloges au sergent C..., au sujet des mesures qu'il avait prises et de la conduite qu'il avait tenue. Pour l'explication du dernier épisode signalé par lui, il faut encore mentionner le fait suivant, qui s'était produit dans l'intervalle à la grand'garde n° 2.

Lorsqu'on avait relevé à dix heures, j'étais allé avec la pose, afin de contrôler la manière dont se faisait cette opération.

J'ai constaté qu'on était déjà très-judicieusement
convenu d'un signal (un léger coup de sifflet) pour éviter de s'interpeller en se relevant. A ce coup de sifflet,
les hommes à relever se sont rapprochés, et ceux qui les
relevaient se sont placés à droite et à gauche près
d'eux. Le *Gefreite* qui conduisait la pose s'est assuré,
par une double question, que le nouveau poste savait
ce qu'il était nécessaire de savoir au sujet de l'ennemi,
aussi bien qu'à propos de la position de son propre
parti et de la direction des chemins ; après quoi les
deux hommes relevés s'en sont allés patrouiller à droite
jusqu'au poste voisin, pour voir s'il était survenu quelque
changement de ce côté.

Attaque d'une patrouille de reconnaissance ennemie et défaite
de cette patrouille.

Pendant ce temps, ceux qui devaient relever la patrouille fixe s'étaient avancés dans le bois à gauche.

Mais avant qu'ils eussent atteint l'endroit où se tenait
la patrouille, plusieurs coups de fusil sont partis à l'aile
gauche, et bientôt la fusillade a paru se rapprocher. Au
bout d'un certain temps, un porteur de nouvelles est
arrivé à la hâte : « Un détachement ennemi s'avance sur
le ruisseau de Mut !... » — En même temps, à gauche, des
coups de feu se sont fait entendre au loin, puis d'autres
plus près. La troupe d'examen s'était aussitôt portée
jusqu'aux sentinelles. Quant à la force de l'attaque
ennemie, l'envoyé ne pouvait pas donner d'autres détails. Par suite, j'ai immédiatement envoyé au peloton
de tirailleurs l'ordre de s'avancer jusqu'au moulin.

Dans l'intervalle, j'avais fait approcher de la troupe d'examen la pose de la patrouille fixe et deux hommes de cette patrouille. J'ai ensuite ordonné au chef de prendre position près du chemin à couvert, mais de se retirer sur le moulin dans le cas où il aurait affaire à une attaque sérieuse.

Puis je me suis moi-même replié sur le moulin ; on avait déjà pris des dispositions convenables pour l'occuper, et, mon aile gauche étant particulièrement menacée, j'ai tout de suite envoyé une section pour renforcer la troupe des patrouilleurs.

Là aussi le feu a bientôt commencé ; mais comme il a cessé tout à fait en avant du front, j'en ai conclu que ce ne pouvait pas être un détachement bien fort, et j'ai résolu de tomber moi-même sur son flanc. J'ai donc commandé au chef du peloton de tirailleurs d'attaquer l'aile gauche de l'ennemi dans le bois avec ce qui lui restait de son peloton, et de couper, si c'était possible, la retraite à l'adversaire. Il s'est rapidement mis en marche et a tourné tout aussitôt à gauche. Je l'ai accompagné jusqu'à la position avancée.

Bientôt le feu est devenu plus vif sur la gauche ; on a remarqué que l'ennemi se retirait. J'ai alors prescrit aux hommes de la patrouille fixe de se porter promptement à travers le bois sur l'ancienne position, et d'empêcher autant que possible la retraite de l'adversaire de ce côté. Dans leur marche en avant, ils ont rencontré une patrouille ennemie (que l'adversaire avait placée à tout événement pour couvrir son flanc), qui s'est vite retirée après quelques coups de fusil.

Le détachement ennemi a réussi à s'échapper en traversant le ruisseau de Mut, et a disparu bientôt aux regards des poursuivants, sur un terrain qui, de l'autre côté, ne permettait pas de voir au loin. C'est ce même détachement qui, plus tard, avait également échappé au sous-officier C... Tout le monde a ensuite repris les anciennes positions.

Il était onze heures et demie lorsque j'ai envoyé à l'aile gauche l'ordre prescrivant que toute la compagnie devait se réunir près du chemin de Schnelleweide. En même temps, j'ai fait donner le signal et j'ai fait décharger les armes au fur et à mesure que les subdivisions arrivaient. Puis j'ai marché sur Schnelleweide, où j'ai fait encore une fois sonner l'assemblée pour indiquer à mon adversaire que je m'étais retiré.

Le but de l'exercice m'a semblé atteint, autant du moins qu'il était possible de l'espérer; en raison de la variété des événements qui s'étaient produits, on était en droit d'espérer que la théorie qui devait être faite sur cet exercice, et les conversations que les hommes ne pouvaient manquer d'avoir encore entre eux à ce sujet, pénétreraient chacun de la conviction suivante : Dans la nuit, l'homme isolé, et même des subdivisions tout entières, quoique dans des positions défavorables, ont généralement moins à s'inquiéter que dans le jour, pourvu seulement qu'on ne se laisse pas surprendre sans s'être le moins du monde préparé.

SUPPLÉMENT

I. — Esquisse pour les exercices d'une compagnie en terrain très-coupé.

A. *Exercices préparatoires.*

1. Occupation d'une hauteur assez escarpée par *des tirailleurs ; le soutien* qui se tient en arrière sur la pente de la hauteur reçoit l'ordre de s'avancer pour *fournir des salves.* Il faut tenir la main à ce que le soutien franchisse la hauteur vivement, mais à rangs serrés, et à ce qu'il s'arrête, *pour tirer*, dès qu'il peut faire feu par-dessus cette hauteur, droit devant lui.

2. Le soutien doit faire le tour de la hauteur pour prononcer son *attaque* contre le flanc de l'ennemi supposé, — et se précipiter par surprise en conservant un ordre parfait, malgré les inégalités du sol.

3. Mouvements de flanc rapides du soutien pour atteindre *tout à fait à couvert* un point désigné. (Mouvements par sections ou par le flanc, avec des conversions ou des formations en ligne lorsqu'on arrive à la hauteur indiquée.)

4. Marche en avant des tirailleurs, par bonds, de hauteur en hauteur ; le soutien suit du plus près pos-

sible, sans se montrer, si faire se peut. Enfin, assaut d'une hauteur ; — en haut de l'élévation : Halte ! et en même temps salve avec des cartouches à poudre, pour s'assurer que l'ensemble et l'ordre se sont complétement rétablis après l'excitation produite par ce mouvement.

B. Exercices en terrain coupé contre un ennemi marqué ou supposé.

Terrain : Un village (Hürth) est situé dans un fond de terrain, avec des hauteurs en partie escarpées et très-coupées en avant des issues. Sur le point culminant de la chaîne des hauteurs se trouvent quelques fermes (Knapsack); en arrière de ces fermes s'étend une lisière de forêt.

Ordre pour la compagnie : Déboucher du village, s'emparer des hauteurs situées de l'autre côté, attaquer Knapsack et pénétrer dans la forêt, si c'est possible.

Pour l'ennemi marqué (une section, plus un drapeau qui représente un peloton à rangs serrés), on prescrit les trois moments suivants :

1° Faible occupation de la hauteur qui domine les issues du village;

2° Retraite sur Knapsack devant une attaque supérieure enveloppante, et défense de Knapsack;

3° Le soutien (le drapeau), qui était à couvert près de la lisière de la forêt, s'élance pour l'attaque contre l'aile de l'ennemi qui veut tourner Knapsack, la culbute, et force ainsi l'assaillant à se retirer sur Hürth. (Retraite de défilé sous la protection d'une arrière-garde.)

II. — Exercices qui peuvent être entrepris quand les champs sont cultivés à droite et à gauche des chemins, et que l'occasion ne s'offre que de loin en loin de placer les subdivisions à couvert, l'une en face de l'autre.

a) Placement d'une subdivision A et *appréciation des distances*, tandis que l'autre subdivision B marche le long du chemin jusqu'à la position abritée la plus rapprochée, et fait compter les pas en marchant. A 240 et à 480 mètres, on fait arrêter un ou deux hommes. Recommander dans cette marche de faire des pas assez grands pour que *le nombre de pas* soit d'accord avec le nombre de mètres (le haut du corps en avant, les genoux ployés).

b) La subdivision B disparaît, à l'exception d'une patrouille disposée à couvert. L'autre subdivision reçoit l'ordre de marcher contre elle. Conduite à tenir par la pointe et par la subdivision au premier coup de feu de cette patrouille. La patrouille est tout à coup renforcée au moment où la subdivision s'approche par bonds successifs. L'attaque est abandonnée, et la retraite s'effectue jusque derrière la position A, où l'on établit une grand'garde.

La subdivision B place également une grand'garde ; des patrouilles rampantes cherchent à reconnaître la position opposée, en tâchant de s'avancer par les sillons entre les champs, aussi à couvert que possible, contre l'aile de la position de l'adversaire.

c) Une patrouille de reconnaissance attaque la sentinelle sur le chemin, et est repoussée par la troupe d'examen, qui a pris position sans être vue le moins du monde.

d) L'une des grand'gardes se met en retraite, en s'abritant, jusqu'à une position éloignée, et prescrit aux sentinelles de tenir bon pendant un certain temps pour dissimuler la retraite. — Dès que ce mouvement est aperçu par l'autre grand'garde, elle reçoit l'ordre de s'avancer en reconnaissance avec tous ses hommes.

III. — Exercices qui peuvent être entrepris sur les terrains dont il a été question dans le Journal d'un chef de compagnie, en changeant la situation.

1. (Première partie, *fig.* 1.) Défense du bois et de la hauteur en faisant face vers l'Est. (Le soutien s'avance à travers le *bois* jusqu'à la lisière pour fournir des salves.)

2. Le bois est seulement occupé par l'ennemi marqué, face au Sud. Attaque de la compagnie en partant de la chaussée et de la ferme, et poursuite à travers le bois.

3. (Première partie, *fig.* 3.) A Lind et à Deckstein se trouvent des patrouilles de l'ennemi marqué ; celle de Deckstein est renforcée lorsque la compagnie (qui cette fois ne s'avance pas vers ce village par la chaussée, mais par le chemin marche à l'attaque contre Deckstein.

Exécution de l'attaque, qui tout d'abord est repoussée par l'entrée en ligne d'un soutien (drapeau) ; alors, retraite volontaire de l'ennemi marqué ; renouvellement de l'attaque et prise de position à Deckstein ; poursuite de l'ennemi.

4. (Première partie, *fig.* 4.) Le petit bois A est occupé par l'ennemi marqué, faisant face au Nord; cet ennemi a une patrouille à Hornpott. La compagnie, venant du Nord, attaque d'abord Hornpott avec son avant-garde, et se déploie ensuite de front et sur les flancs pour attaquer la position A; l'attaque réussit. L'ennemi marqué reçoit de la chaussée des renforts (un drapeau); défense qui s'ensuit.

5. (Deuxième partie, *fig.* 2.) De Mengenich, une seule troupe de patrouilleurs s'est avancée en A jusqu'à la pointe du bois, et envoie par Nüssenberg des patrouilles vers Longerich (d'où l'on attend l'ennemi). L'ennemi s'avance pour l'attaque sur le chemin de Longerich. — Lorsqu'il a pris le bois, il aperçoit une compagnie ennemie (un drapeau) qui vient de Mengenich pour l'attaquer. Défense du bois et retraite sur Nüssemberg, dès que la première attaque ennemie a été repoussée avec toutes les forces.

6. (Deuxième partie, *fig.* 3.) Une grand'garde a occupé le bois, faisant front vers Arnoldshöhe et Marienburg. Attaque enveloppante de cette grand'garde en partant de ces deux endroits.

7. (Deuxième partie, *fig.* 4.) Combat de rencontre.

Pour protéger un transport qui se fait de Gladbach à Mühlheim, contre un ennemi attendu du Sud (de Brück), une compagnie reçoit l'ordre de prendre position au delà de Thurn, de manière à empêcher aussi longtemps que possible l'ennemi de franchir le ruisseau de Strunder.

Une compagnie ennemie (ou un ennemi *marqué*) est déjà arrivée, avec son avant-garde, par le chemin de Brück, sur la hauteur de la ferme de Mielenforst, avec l'ordre de pousser des reconnaissances au delà d'Iddesfeld vers la chaussée, — lorsque la pointe de la compagnie aura atteint le défilé près de Thurn.

(Mise en marche *des deux* compagnies en *même* temps ; l'une partant du défilé près de Thurn, l'autre du pont de Mielenforst. La question est de savoir *qui réussira à prendre tout d'abord* une position dominant *en même temps* les chemins de Thurn et d'Iddesfeld, et *qui* pourra, par suite, penser à poursuivre l'exécution de l'ordre reçu.)

TABLE DES MATIÈRES DE LA DEUXIÈME PARTIE

Nancy. — Imp. Berger-Levrault et Cie.

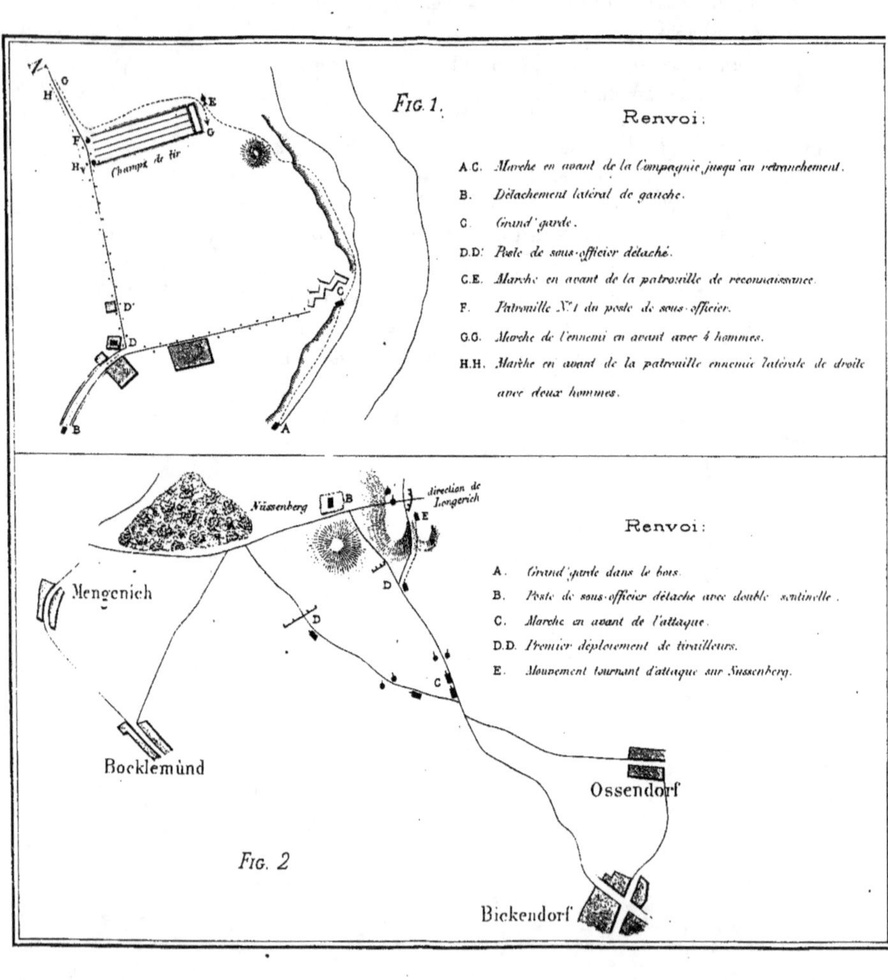

Fig. 1.
Champs de tir
Renvoi:
A.C. Marche en avant de la Compagnie jusqu'au retranchement.
B. Détachement latéral de gauche.
C. Grand'garde.
D.D. Poste de sous-officier détaché.
C.E. Marche en avant de la patrouille de reconnaissance.
F. Patrouille N.º 1 du poste de sous-officier.
G.G. Marche de l'ennemi en avant avec 4 hommes.
H.H. Marche en avant de la patrouille ennemie latérale de droite avec deux hommes.
Nüssenberg
direction de
Longerich
Mengenich
Bocklemünd
Ossendorf
Bickendorf
Renvoi:
A. Grand'garde dans le bois.
B. Poste de sous-officier détaché avec double sentinelle.
C. Marche en avant de l'attaque.
D.D. Premier déploiement de tirailleurs.
E. Mouvement tournant d'attaque sur Nüssenberg.
Fig. 2

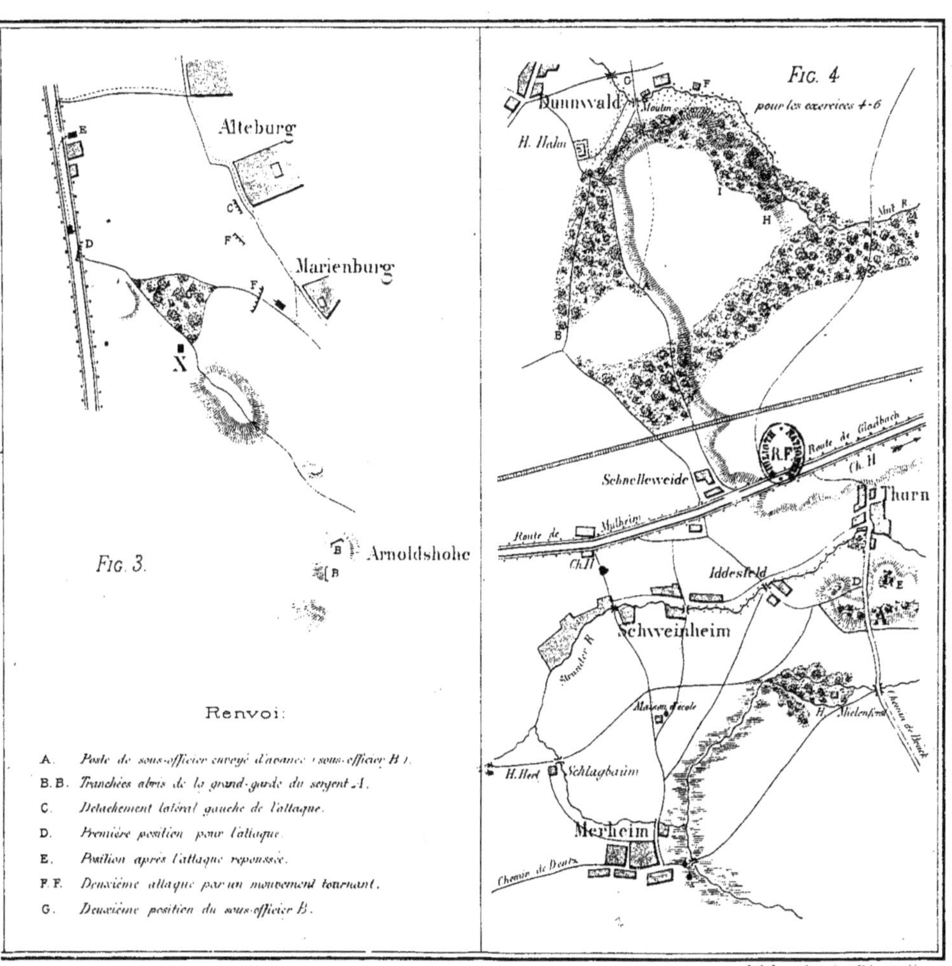

Renvoi:

A.   *Poste de sous-officier envoyé d'avance (sous-officier B).*

B.B.   *Tranchées-abris de la grand-garde du sergent A.*

C.   *Détachement latéral gauche de l'attaque.*

D.   *Première position pour l'attaque.*

E.   *Position après l'attaque repoussée.*

F.F.   *Deuxième attaque par un mouvement tournant.*

G.   *Deuxième position du sous-officier B.*